职业教育计算机类专业新形态系列教材

工作手册式
C 语言程序设计（第 2 版）

任秀娟　张　震　江　麟　主　编

王　婧　马小婧　宋佳佳　副主编

滕瑞红　许学江　王树声　参　编

U0178312

电子工业出版社·

Publishing House of Electronics Industry

北京·BEIJING

内 容 简 介

本教材在编写过程中，紧跟国家"课程思政"的精神引领，积极响应《国家职业教育改革实施方案》中的"三教"改革要求，充分体现工学结合的教改思想，采用与生活和工作相关的实际项目或任务，旨在保证教材的实用性，以及与理论内容的关联性，着重打造立体化精品教材。

本教材采用任务驱动模式，由浅入深，对 C 语言程序设计的内容进行了详细的阐述。本教材包括 11 个项目，每个项目配备了"同步训练"；每个项目分为多个任务，每个任务配备了"跟踪练习"，用以巩固和提高学生对知识的理解和掌握。同时，为了方便教师授课和学生学习，本教材免费提供教学资源，包括教学课件、任务示例源码、拓展知识、任务单等。

本教材既可以作为高职学生的教学用书，还可以作为计算机爱好者的参考书。

图书在版编目（CIP）数据

工作手册式 C 语言程序设计/任秀娟，张震，江麟主编. --2 版. —北京：电子工业出版社，2022.9
ISBN 978-7-121-44229-2

Ⅰ．①工…　Ⅱ．①任…　②张…　③江…　Ⅲ．①C 语言—程序设计—高等职业教育—教材
Ⅳ．①TP312.8

中国版本图书馆 CIP 数据核字（2022）第 160535 号

责任编辑：孙　伟　　　　　　　　文字编辑：李书乐
印　　刷：北京天宇星印刷厂
装　　订：北京天宇星印刷厂
出版发行：电子工业出版社
　　　　　北京市海淀区万寿路 173 信箱　邮编　100036
开　　本：787×1 092　1/16　印张：14.50　字数：369.6 千字
版　　次：2016 年 9 月第 1 版
　　　　　2022 年 9 月第 2 版
印　　次：2023 年 2 月第 2 次印刷
定　　价：47.00 元

凡所购买电子工业出版社图书有缺损问题，请向购买书店调换。若书店售缺，请与本社发行部联系，联系及邮购电话：（010）88254888，88258888。

质量投诉请发邮件至 zlts@phei.com.cn，盗版侵权举报请发邮件至 dbqq@phei.com.cn。

本书咨询联系方式：（010）88254571 或 lishl@phei.com.cn。

前　言

C 语言是国内外广泛流行的程序设计语言，它功能强大、数据类型丰富、使用灵活、运用性强，具有面向硬件编程的低级语言特性和可读性强的高级语言特性。C 语言不仅适用于系统软件的设计，还适用于应用程序的设计，在操作系统编制、工具软件制作、图形图像处理软件制作、数值计算、人工智能、数据库系统制作等多个方面得到广泛应用。

大量的编程人员都需要掌握和应用 C 语言，C 语言已经成为软件开发工具中的主流之一。因此，学习和使用 C 语言成为广大计算机应用人员和学生的迫切需要。为此，我们组织多年从事 C 语言程序设计教学工作并具有丰富教学经验的一线教师和工程技术人员编写了本教材。

本教材第 1 版自出版以来，对程序设计语言的教学改革起到了积极的推进作用，并得到了学生的一致好评。主编在总结第 1 版教材使用情况的基础上，结合教学实践和工程实践，对课程内容进行了深入地研究，重新编写了本教材。

本教材体现了工学结合的教改思想，充分结合目前的教改现状，突出项目式教学改革的成果，着重打造立体化精品教材。具体特色包括以下几个方面。

第一，紧跟国家"课程思政"的精神引领，在诸多地方将"思政"与教材内容相结合。

第二，教材编写积极响应《国家职业教育改革实施方案》中的"三教"改革要求，体现课程的模块化。

第三，参照国内优秀计算机专业教材的编写思想，采用与生活和工作相关的实际项目或任务，保证教材具有更强的实用性，以及与理论内容有更强的关联性。

第四，本教材以初学者为对象，从了解 C 语言的背景和熟悉开发环境开始，先讲解 C 语言的基础知识，再讲解 C 语言编程的高级内容，最后讲解开发一个完整项目。

第五，本教材采用任务驱动模式，从日常生活中的典型事例入手，由浅入深，对 C 语言程序设计的内容进行了详细的阐述。本教材每个项目配备了"同步训练"，每个任务配备了"跟踪练习"，用于巩固和提高学生对知识的理解和掌握。

本教材由东营科技职业学院的任秀娟、张震和南京第五十五所的讲师江麟任主编，由东营科技职业学院的王婧、马小婧、宋佳佳任副主编，滕瑞红、许学江、王树声参编，由任秀娟统稿并主审。

由于编者水平有限，书中如有不足之处，敬请读者批评指正。

编者

2022 年 3 月

目　录

项目1　与C语言相识 ·· 1
　项目引入 ·· 1
　学习目标 ·· 1
　1.1　走进C语言的世界 ··· 2
　　任务导入 ·· 2
　　任务分析 ·· 2
　　相关知识 ·· 2
　　　1.1.1　计算机语言 ·· 2
　　　1.1.2　为什么选择C语言 ·· 3
　　　1.1.3　如何学好C语言 ·· 4
　　任务实施 ·· 5
　　考核评价 ·· 5
　1.2　制作个人微型简历 ··· 5
　　任务导入 ·· 5
　　任务分析 ·· 6
　　相关知识 ·· 6
　　　1.2.1　C语言程序及结构 ·· 6
　　　1.2.2　编译和运行C语言程序 ·· 7
　　任务实施 ·· 14
　　考核评价 ·· 14
　项目小结 ·· 15
　同步训练 ·· 15

项目2　学转数据 ·· 17
　项目引入 ·· 17
　学习目标 ·· 17
　2.1　计算球的体积——基本数据类型、常量与变量 ·································· 18
　　任务导入 ·· 18
　　任务分析 ·· 18
　　相关知识 ·· 18

2.1.1　C 语言的字符集 ··· 18
2.1.2　C 语言的词汇 ··· 19
2.1.3　数据的变与不变——常量和变量 ····················· 20
2.1.4　C 语言中的数据类型 ··· 22
任务实施 ··· 27
考核评价 ··· 27

任务 2.2　解密小密报——报文的加密与解密 ············· 28
任务导入 ··· 28
任务分析 ··· 28
相关知识 ··· 28
2.2.1　字符型常量 ·· 28
2.2.2　字符型变量 ·· 30
任务实施 ··· 31
考核评价 ··· 31

任务 2.3　分离不同位的数字——运算符与表达式 ······· 32
任务导入 ··· 32
任务分析 ··· 32
相关知识 ··· 32
2.3.1　C 语言中的运算符 ··· 32
2.3.2　算术运算符和算术表达式 ··································· 32
2.3.3　赋值运算符和赋值表达式 ··································· 34
2.3.4　逗号运算符和逗号表达式 ··································· 37
2.3.5　运算符的优先级 ·· 37
2.3.6　强制类型转换运算符 ·· 38
任务实施 ··· 38
考核评价 ··· 38

项目小结 ·· 39
同步训练 ·· 39

项目 3　顺序结构程序设计 ·· 41
项目引入 ·· 41
学习目标 ·· 41
3.1　菜单设计——算法与程序 ··· 41
任务导入 ··· 41
任务分析 ··· 42
相关知识 ··· 42
3.1.1　算法 ··· 42
3.1.2　结构化程序设计及原则 ······································ 44
3.1.3　格式化输出函数 ·· 45

任务实施 ·· 47

考核评价 ·· 48

3.2 简易计算器界面的菜单设计 ······························· 48

任务导入 ·· 48

任务分析 ·· 49

相关知识 ·· 49

3.2.1 格式化输入函数 ···································· 49

3.2.2 格式化输入函数举例 ······························· 51

任务实施 ·· 52

考核评价 ·· 52

3.3 大写字母转换为小写字母 ······························· 53

任务导入 ·· 53

任务分析 ·· 53

相关知识 ·· 53

3.3.1 字符输出函数 ···································· 54

3.3.2 字符输入函数 ···································· 55

任务实施 ·· 56

考核评价 ·· 56

项目小结 ··· 56

同步训练 ··· 57

项目 4　选择结构程序设计 ································· 58

项目引入 ··· 58

学习目标 ··· 58

4.1 身高预测——if 语句的简单运用 ······················· 58

任务导入 ·· 58

任务分析 ·· 59

相关知识 ·· 59

4.1.1 选择结构概述 ···································· 59

4.1.2 条件的描述 ···································· 60

4.1.3 单分支 if 语句 ···································· 63

任务实施 ·· 64

考核评价 ·· 65

4.2 判断星期天我们能否出游——if…else 语句的运用 ········ 65

任务导入 ·· 65

任务分析 ·· 66

相关知识 ·· 66

4.2.1 双分支 if…else 语句 ······························· 66

4.2.2 条件运算符（?:） ································· 67

任务实施 ·· 67

考核评价 ·· 68

4.3 我纳税我光荣——多分支 if 语句的应用 ················· 68

    任务导入 ·· 68

    任务分析 ·· 69

    相关知识 ·· 69

    任务实施 ·· 71

    考核评价 ·· 71

4.4 简易计算器单次计算功能的实现——switch 语句的应用 ······· 72

    任务导入 ·· 72

    任务分析 ·· 72

    相关知识 ·· 73

    任务实施 ·· 75

    考核评价 ·· 75

项目小结 ·· 75

同步训练 ·· 76

项目 5　循环结构程序设计 ································· 79

项目引入 ·· 79

学习目标 ·· 79

5.1 歌唱比赛计算平均分——while 语句的运用 ··············· 79

    任务导入 ·· 79

    任务分析 ·· 80

    相关知识 ·· 80

    5.1.1 解决循环问题的基本步骤和方法 ··············· 80

    5.1.2 while 语句 ····································· 81

    任务实施 ·· 82

    考核评价 ·· 83

5.2 简易计算器多次计算功能的实现 ······················· 83

    任务导入 ·· 83

    任务分析 ·· 84

    相关知识 ·· 84

    5.2.1 do…while 语句 ································· 84

    5.2.2 while 语句与 do…while 语句的区别 ··········· 85

    任务实施 ·· 86

    考核评价 ·· 87

5.3 抽奖小系统开发——根据输入的数判断是否中奖 ········· 87

    任务导入 ·· 87

    任务分析 ·· 87

　　　相关知识 ·· 88

　　5.3.1　for 语句 ·· 88

　　5.3.2　for 语句使用过程中应注意的问题 ···························· 89

　　　任务实施 ·· 90

　　　考核评价 ·· 91

5.4　破解鸡兔同笼 ·· 91

　　　任务导入 ·· 91

　　　任务分析 ·· 91

　　　相关知识 ·· 92

　　　任务实施 ·· 93

　　　考核评价 ·· 94

5.5　找出 1～100 之间的质数 ·· 94

　　　任务导入 ·· 94

　　　任务分析 ·· 94

　　　相关知识 ·· 94

　　　任务实施 ·· 95

　　　考核评价 ·· 95

5.6　找出 100～200 之间不能被 3 整除的数 ································· 96

　　　任务导入 ·· 96

　　　任务分析 ·· 96

　　　相关知识 ·· 96

　　　任务实施 ·· 97

　　　考核评价 ·· 97

　项目小结 ·· 97

　同步训练 ·· 98

项目 6　数组 ·· 102

　项目引入 ·· 102

　学习目标 ·· 102

6.1　计算学生的月平均消费额 ·· 103

　　　任务导入 ·· 103

　　　任务分析 ·· 103

　　　相关知识 ·· 103

　　6.1.1　一维数组的定义 ·· 103

　　6.1.2　一维数组的初始化和赋值 ··· 104

　　6.1.3　一维数组的引用 ·· 105

　　　任务实施 ·· 105

　　　考核评价 ·· 106

6.2 最高月消费的查找 ··· 106
 任务导入 ·· 106
 任务分析 ·· 106
 任务实施 ·· 106
 考核评价 ·· 107

6.3 个人月消费排行 ··· 107
 任务导入 ·· 107
 任务分析 ·· 107
 任务实施 ·· 108
 考核评价 ·· 108

6.4 宿舍成员月消费数据的存储 ··· 109
 任务导入 ·· 109
 任务分析 ·· 109
 相关知识 ·· 110
  6.4.1 二维数组的定义 ·· 110
  6.4.2 二维数组的初始化和赋值 ··· 110
  6.4.3 二维数组的引用 ·· 111
 任务实施 ·· 112
 考核评价 ·· 113

6.5 宿舍成员月消费节俭大评比 ··· 113
 任务导入 ·· 113
 任务分析 ·· 113
 拓展提高 ·· 114
 任务实施 ·· 114
 考核评价 ·· 115

6.6 移位替换实现字符加密 ··· 115
 任务导入 ·· 115
 任务分析 ·· 115
 相关知识 ·· 115
  6.6.1 字符数组 ··· 115
  6.6.2 字符数组元素的引用 ··· 116
  6.6.3 字符串常用函数 ·· 117
 任务实施 ·· 120
 考核评价 ·· 120

项目小结 ··· 121
同步训练 ··· 121

项目 7 甘做老二的函数 ··· **125**
 项目引入 ·· 125

学习目标 ··· 125

7.1　营养早餐你决定 ··· 125

　　任务导入 ··· 125

　　任务分析 ··· 126

　　相关知识 ··· 126

　　7.1.1　函数概述 ··· 126

　　7.1.2　无参函数 ··· 126

　　7.1.3　函数声明 ··· 127

　　任务实施 ··· 128

　　考核评价 ··· 129

7.2　计算今年已经过了多少天 ··· 129

　　任务导入 ··· 129

　　任务分析 ··· 129

　　相关知识 ··· 129

　　7.2.1　有参函数的定义 ·· 129

　　7.2.2　有参函数的调用 ·· 130

　　任务实施 ··· 133

　　考核评价 ··· 134

7.3　求 n! ··· 134

　　任务导入 ··· 134

　　任务分析 ··· 134

　　相关知识 ··· 135

　　任务实施 ··· 135

　　考核评价 ··· 136

7.4　你的权力有多大 ··· 136

　　任务导入 ··· 136

　　任务分析 ··· 137

　　相关知识 ··· 137

　　7.4.1　局部变量和全局变量 ··· 137

　　7.4.2　变量的存储类型 ·· 139

　　任务实施 ··· 142

　　考核评价 ··· 142

项目小结 ··· 143

同步训练 ··· 143

项目 8　指针 ··· 147

项目引入 ··· 147

学习目标 ··· 147

8.1　寻找变量在内存中的"家" ··· 147

任务导入 ·· 147

任务分析 ·· 147

相关知识 ·· 148

8.1.1 地址与指针 ··· 148

8.1.2 指针变量 ·· 149

任务实施 ·· 151

考核评价 ·· 152

8.2 大小写字母转换 ·· 152

任务导入 ·· 152

任务分析 ·· 152

相关知识 ·· 152

任务实施 ·· 154

考核评价 ·· 154

8.3 数组与指针强强联合 ·· 155

任务导入 ·· 155

任务分析 ·· 155

相关知识 ·· 155

8.3.1 数组与指针 ··· 155

8.3.2 数组指针的使用 ·· 156

8.3.3 指向多维数组的指针和指针变量 ··························· 157

任务实施 ·· 160

考核评价 ·· 160

8.4 数据统计"大比武" ·· 161

任务导入 ·· 161

任务分析 ·· 161

相关知识 ·· 161

8.4.1 用指针指向一个字符串 ·· 161

8.4.2 字符串指针变量与字符数组的区别 ························ 162

任务实施 ·· 162

考核评价 ·· 163

8.5 值日生安排表 ··· 163

任务导入 ·· 163

任务分析 ·· 163

相关知识 ·· 163

8.5.1 指针型函数的定义 ·· 164

8.5.2 指针型函数的注意事项 ·· 165

任务实施 ·· 165

考核评价 ·· 166

项目小结 ·· 166
同步训练 ·· 167

项目 9　结构体与共用体 ··· **170**

项目引入 ·· 170
学习目标 ·· 170
9.1　单个学生信息及成绩统计 ··· 170
　　任务导入 ·· 170
　　任务分析 ·· 171
　　相关知识 ·· 171
　　9.1.1　结构体类型的定义 ·· 171
　　9.1.2　结构体变量的定义 ·· 172
　　9.1.3　结构体变量的初始化 ·· 174
　　9.1.4　结构体变量成员的引用 ·· 174
　　任务实施 ·· 175
　　考核评价 ·· 176
9.2　学生会竞选计票程序 ··· 176
　　任务导入 ·· 176
　　任务分析 ·· 176
　　相关知识 ·· 176
　　9.2.1　结构体数组的含义 ·· 176
　　9.2.2　结构体数组的定义 ·· 177
　　任务实施 ·· 177
　　考核评价 ·· 178
9.3　师生信息统计 ··· 178
　　任务导入 ·· 178
　　任务分析 ·· 178
　　相关知识 ·· 179
　　9.3.1　共用体类型的定义 ·· 179
　　9.3.2　共用体变量的定义 ·· 179
　　9.3.3　共用体变量的初始化和引用 ·· 180
　　任务实施 ·· 181
　　考核评价 ·· 182
项目小结 ·· 182
同步训练 ·· 182

项目 10　文件 ··· **185**

项目引入 ·· 185
学习目标 ·· 185
10.1　制作小型通讯录 ·· 185

任务导入 ··· 185

任务分析 ··· 186

相关知识 ··· 186

10.1.1 初识文件 ·· 186

10.1.2 文件的打开与关闭 ······································ 187

10.1.3 文件的读写操作 ··· 189

10.1.4 文件的定位 ·· 195

任务实施 ··· 196

考核评价 ··· 197

项目小结 ·· 197

同步训练 ·· 197

项目 11 班级财务管理系统的开发 ·· **200**

项目引入 ·· 200

学习目标 ·· 200

11.1 总体设计 ··· 200

11.2 详细设计 ··· 201

11.3 系统实现 ··· 203

11.4 程序代码 ··· 204

项目小结 ·· 209

附录 A 常用字符与 ASCII 码对照表 ···································· **210**

附录 B C 语言中的关键字 ·· **212**

附录 C 运算符的优先级和结合性 ······································ **213**

附录 D 常用库函数及其标题文件 ······································ **214**

参考文献 ··· **217**

项目1　与 C 语言相识

项目引入

美国哈佛大学的网络社会研究中心和瑞士圣加仑大学的信息法研究中心正在从另一个角度协作研究网络化生存的问题，他们提出了一个新的概念——Digital Natives（数字原住民），意为现代社会人们出生在一个网络世界，对于他们而言，网络就是他们的生活，数字化生存是他们从小就开始的生存方式。

在网络世界生活和工作需要用计算机进行交流，因此就要使用计算机语言。计算机语言在诞生的短短几十年里，经历了一个从低级到高级的演变过程。具体地说，它经历了机器语言、汇编语言、高级语言 3 个阶段。

机器语言和汇编语言烦琐费时，通用性较差。高级语言是目前应用最广泛的计算机语言。在当前常用的计算机语言中，C 语言是使用时间较长的一种语言，也是使用较为广泛的一种通用语言，在软件开发行业中具有强大的生命力。今天我们将开启与 C 语言的华丽相识。

学习目标

1. 知识目标

（1）了解计算机语言的相关知识。

（2）了解学习 C 语言的原因。

（3）掌握 C 语言的基本框架。

（4）掌握 Dev-C++环境的使用方法。

2. 能力目标

（1）能够理解 C 语言的特点及基本框架。

（2）能够使用 Dev-C++环境调试程序。

（3）能够处理 Dev-C++的常见错误。

3. 素质目标

（1）培养学生提出问题、分析问题和解决问题的能力。

（2）培养学生获取新知识、新技能、新方法的能力。

（3）培养学生独立思考的能力。

（4）培养学生团体合作的能力和集体主义精神。

1.1 走进 C 语言的世界

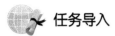 **任务导入**

1772 年，瑞士数学大师欧拉在双目失明的情况下，花了两天的时间，靠心算证明了 $2^{31}-1$（2147483647）是第八个梅森素数。但如果通过计算机编程，可能用不了几秒就能算出来，可见学习计算机编程语言是非常必要的。本任务要求通过查阅书籍资料、网络资源等方式了解 C 语言。

 任务分析

计算机编程语言既然是语言，那么它是什么时候诞生的？到现在又经历了哪些阶段？计算机编程语言有多少种？为什么我们要先学习 C 语言？它有哪些魅力？这都是我们应该了解并掌握的，下面我们就开启这个美丽的邂逅吧！

 相关知识

在学习 C 语言之前，先来认识什么是计算机语言。

1.1.1 计算机语言

计算机语言（Computer Language）是指用于人与计算机之间通信的语言，是人与计算机之间传递信息的媒介。为了使计算机工作，就需要有一套用于编写计算机程序的数字、字符和语法规则，以及由这些数字、字符和语法规则组成的计算机的各种指令（或语句）。

计算机语言根据功能和实现方法的不同大致可以分为 3 类，即机器语言、汇编语言和高级语言。

1. 机器语言

机器语言是第一代计算机语言，是一台计算机全部指令的集合。计算机的指令是由"0"和"1"组成的一串二进制数，用机器语言编写的程序就是一个个的二进制文件。但是二进制文件不便于记忆和理解，特别是在程序有错需要修改时。

此外，由于不同型号计算机的指令系统各不相同，因此在一种型号的计算机上执行的程序，要想在另一种型号的计算机上执行，就必须重新编写程序。

2. 汇编语言

针对机器语言的不足，人们对其进行了改进，即用一些简洁的英文字母、符号串来替代一个特定的指令，如用"ADD"代表加法、用"MOV"代表数据传递等，这样一来，人们很容易读懂并理解程序，纠错及维护都变得方便了，这种程序设计语言称为汇编语言，即第二代计算机语言。然而计算机是不认识这些符号的，因此需要一种程序专门负责将这些符号翻译成二进制数的机器语言，这种翻译程序被称为汇编程序。

汇编语言同样十分依赖机器硬件，移植性不好，但效率很高，针对计算机特定硬件编写的汇编语言程序，能充分利用计算机硬件的功能和特性，所以至今仍是一种常用且高效的软件开发工具。

汇编语言的实质和机器语言相同，都是直接对硬件进行操作，只不过汇编语言的指令使用的是英文缩写的标识符，更容易识别和记忆，但它同样需要程序员将每步具体的操作用命令的形式写出来。

汇编程序的每句指令只能对应实际操作过程中的一个很细微的动作，如移动、自增，因此汇编程序一般比较冗长、复杂，并且使用汇编语言编写程序需要有更多的计算机专业知识。但汇编语言的优点也是显而易见的，汇编语言能执行一些高级语言不能执行的操作，并且源程序经汇编生成的可执行文件不但比较小，而且执行速度快。

3. 高级语言

机器语言和汇编语言虽然难记难写，但它们的运行效率高，占用内存小，这符合当时计算机存储器昂贵、处理器功能有限等硬件特性。

计算机诞生之后，计算机硬件发展迅速，功能越来越强大。一方面，随着其功能的增强人们要求它能处理越来越复杂或庞大的数据，机器语言和汇编语言已经无法满足这些需求；另一方面，硬件的发展和关键元件价格的降低，使得程序员不需要在减小内存占用和减少运算时间上花太多精力。在这样的背景下，1954 年，FORTRAN 语言出现，随后相继出现了其他高级语言。

目前的高级语言包括 BASIC（True BASIC、Quick BASIC、Virtual BASIC）、C、C++、PASCAL、FORTRAN、智能化语言（LISP、Prolog、CLIPS、OpenCyc、Fuzzy）、动态语言（Python、PHP、Ruby、Lua）等。高级语言的源程序可以用解释、编译两种方式执行，通常使用后一种。

高级语言的发展也经历了从早期语言到结构化程序设计语言，从面向过程化程序语言到面向非过程化程序语言的过程。相应地，软件的开发也由最初的个体手工作坊式的封闭式生产发展为产业化、流水线式的工业化生产。高级语言的下一个发展目标是面向应用，也就是只需告诉程序你要干什么，程序就能自动生成算法，自动进行处理，即非过程化的程序语言。

1.1.2　为什么选择 C 语言

在 C 语言诞生以前，系统软件主要使用汇编语言编写。由于汇编语言程序依赖计算机硬件，其可读性和可移植性都很差，但一般的高级语言又难以实现对计算机硬件的直接操作，于是人们盼望有一种兼有汇编语言和高级语言特性的新语言，在这种期盼之下 C 语言出现了。

计算机有这么多种语言，为什么选择 C 语言呢？这个问题应当根据不同的专业背景和使用目的回答。

（1）C 语言是全世界用得最多的计算机程序语言。

TIOBE 排行榜（世界编程语言排行榜）可以反映编程语言的受欢迎程度，每月更新一次。评级基于全球有经验的工程师、课程和第三方供应商的数量，并使用 Google、Bing、Yahoo、Wikipedia、Amazon、YouTube 和 Baidu 等流行的搜索引擎统计排名。近 20 年来 C 语言在大部分情况下排名第一，如图 1-1 所示。

历史排名（1985～2020年）

programmlng Language	2020	2015	2010	2005	2000	1995	1990	1985
Java	1	2	1	2	3	-	-	-
C	2	1	2	1	1	2	1	1
Python	3	7	6	7	23	22	-	-
C++	4	4	4	3	2	1	3	9

图 1-1　C 语言历史排名表

（2）C 语言对现代编程语言有巨大的影响。

毫不夸张地说，C 语言是现代编程语言的开山鼻祖，它改变了编程世界，许多现代编程语言都大量借鉴了 C 语言的特性。在众多基于 C 语言的语言中，以下几种非常具有代表性。

C++：包括了所有 C 语言的特性，但增加了类和其他特性以支持面向对象编程。

Java：是基于 C++基础上开发的，所以也继承了许多 C 语言的特性。

C#：是由 C++和 Java 发展起来的一种高级语言。

C 语言除能让读者了解编程的相关概念，带领人们走进编程的大门外，还能让读者明白程序的运行原理，例如，计算机的各个部件是如何交互的，程序在内存中是一种怎样的状态，操作系统和用户程序之间有着怎样的关系。同时，学习 C 语言有助于更好地理解 C++、Java、C#及其他语言。

（3）C 语言适用领域广泛。

C 语言既有高级语言的优点，又在很多方面保留了低级语言运行速度快、可直接映射硬件结构的优点。故操作系统、大型网络游戏、单片机等都可以用 C 语言来开发。

（4）C 语言简洁、紧凑、使用灵活、功能强大、代码执行效率高。

C 语言一共只有 32 个关键字、9 种控制语句，并且程序形式自由，区分大小写。它不仅把高级语言的基本结构和语句与低级语言的实用性结合起来，还可以像汇编语言一样直接对计算机最基本的工作单元，如位、字节和地址进行操作。

1.1.3　如何学好 C 语言

1. 要从计算机的角度来学习

在人和计算机的交流过程中，人是强势的一方，计算机是弱势的一方。人首先要掌握 C 语言的运算和语法规则，这个规则就是计算机能懂的语言。例如，数学方程式 $y=2x+1$ 等价于 $y=2*x+1$，这个式子中的乘法符号在数学中可以省略，但在 C 语言中不能省略。

2. 多动手、多思考，找到成就感

对于初学者来说，跟着教材看懂每个案例上的代码，并且上机一一验证是基础。从看懂别人的程序到模仿、摸索、思考、实践、编写自己的第一个程序，这是一个渐进的过程。当能够独立编写一个自己想要的程序时，将会产生成就感。

3. 在独立思考与求助之间找到平衡点

在学习 C 语言的过程中，不可避免地会遇到这样那样的问题。出现问题后不要着急，首先应该尝试独自分析、独立解决，因为这样可以锻炼我们自主解决问题的能力。但是个人的能力毕竟是有限的，当我们无法自己解决时，就应该尝试调动一切可以调动的力量，如向身边有 C 语言编程经验的人请教，或者在论坛里求助，充分利用网络资源。因为这个时候别人简单的一句话，或许会让你茅塞顿开、获益匪浅。

明白了以上几点，就让我们一起踏上愉快的编程之旅吧！

 任务实施

1. 任务描述

（1）实训任务：借助网络资源了解 C 语言的相关知识。

（2）实训目的：了解 C 语言与其他计算机语言的不同点；学习 C 语言的使用方法；了解学习 C 语言过程中应该注意的问题。

2. 任务实施

（1）分组教学，4～6 人一组，并选出组长。

（2）请将查阅的相关内容简要总结。

 考核评价

主要评价标准：

每次任务评价分数的总分为 10 分。

（1）任务完成及时。

（2）代码书写规范，程序运行效果正常。

（3）实施报告内容真实可靠，条理清晰，书写认真。

（4）没完成任务，根据完成度扣分，故意抄袭实施报告扣 5 分。

1.2　制作个人微型简历

 **任务导入**

前面简单了解了 C 语言的概况，下面就可以开始学习具体的内容了。那么究竟一个 C 语言程序是什么样子？作为刚刚步入大学校门的计算机专业的学生，我们就首先使

用 C 语言为自己制作微型简历，让教师和同学们记住你的名字吧。

 任务分析

要用 C 语言编写程序在屏幕上输出个人微型简历，就要了解 C 语言程序的结构特点、编写规则，学会使用 C 语言的编译运行环境。本任务通过教师的演示和引导，要求学生熟悉编写 C 语言程序的环境和执行 C 语言程序的过程，并掌握 C 语言程序的框架结构特点及应该注意的问题。

 相关知识

在早期的计算机系统中，主要通过键盘对计算机发出指令。而计算机要把想说的话告诉人类，有两种方法，一种是显示在屏幕上，另一种是通过喇叭发出声音。由于早期的计算机还不支持多媒体，因此主要是用屏幕输出。最简单的程序就是让计算机在屏幕上输出一句话。下面就通过一个小的 C 语言程序，来说明 C 语言源程序的特点。

1.2.1 C 语言程序及结构

【例 1.1】用 C 语言编程，在屏幕上显示"你好，C 语言！"。

程序代码如下：

```
#include<stdio.h>              //预处理命令
int main( )                    //主函数
{
printf("你好，C 语言！\n");     //输出函数
return 0;                      //返回值
}
```

例 1.1 程序的运行结果如图 1-2 所示。

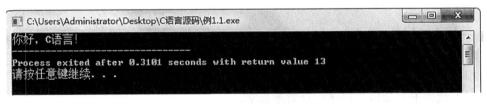

图 1-2　例 1.1 程序的运行结果

1. 程序说明

（1）程序的第一行#include<stdio.h>是文件包含命令行，即以"#"开始的命令行。其意义是把"<>"内指定的文件引入本程序，使其成为本程序的一部分，被引入的文件通常由系统提供，其扩展名为.h，因此也称头文件或首部文件。

C 语言的头文件包括了各个标准库函数的函数原型，因此，在程序中调用库函数时，必须包含该函数原型的头文件。在本例中，因为使用了 printf() 函数，所以需要引入文件 stdio.h。

（2）程序第二行的 main() 为主函数。其中 main 是函数名，函数名后面的一对圆括号用来写函数的参数，当没有参数的时候是不可以省略的。在 C99 标准中 main() 函数的返回值类型必须是 int，这样返回值才能传递给程序的激活者（如操作系统）。

特别注意的是在 C 语言程序中，每个 C 语言程序有且仅有一个主函数 main()。

（3）"{ }"内的程序称为函数体，函数体通常由一系列语句组成，每个语句必须用分号结束。

（4）"//"后面的文字称为注释。注释对编译和运行不起作用，所以，注释可以用汉字或英文字符表示，可以出现在一行的最右侧，也可以单独成为一行，"//"后面的注释称为行注释。

C 语言还支持另一种注释形式，即使用 "/*" 和 "*/" 括起来的一行或多行内容，称为块注释。

（5）return 0 表示 main() 函数的返回值是 0，说明程序正常退出。若没有此语句，则说明程序异常退出。

2. C 语言程序的构成

通过上面对程序的说明，现总结 C 语言程序的构成。

（1）一个源程序有且只有一个 main() 函数，即主函数。main() 函数下面用 "{ }" 括起来的部分是一个程序模块。C 语言的程序总是从主函数开始执行，并且到主函数结束。

（2）以 "#" 开始的语句属于预处理语句。源程序中可以有预处理语句，预处理语句通常加在源程序的最前面。

（3）每个语句都必须以分号结束，但预处理语句、函数头和 "{ }" 后不加分号。

（4）标识符和关键字之间至少有一个空格。

（5）源程序中需要解释和说明的部分，可以通过添加注释来增强程序的可读性。编译时，系统会跳过注释行。

3. C 语言程序的书写规范

无论使用哪种计算机语言，在编写程序时，都需要养成良好的书写规范。C 语言程序的书写规范有以下几点。

（1）在 C 语言中，虽然一行可以有多个语句，一个语句也可以占多行，但建议一行只写一个语句。

（2）一般采用缩进格式来提高程序的可读性和清晰度。

（3）由于 C 语言起源于美国，因此单词、标点、特殊符号都需要在英文半角输入法下输入，否则无法识别，并且要注意区分中英文标点。

（4）在程序中应该加上必要的注释。

1.2.2　编译和运行 C 语言程序

在例 1.1 中已经编写了一个 C 语言程序，如何运行得到如图 1-2 所示的结果呢？这涉及 C 语言程序的编译和运行。

1. C 语言程序的开发步骤

写好一个 C 语言源程序后，一般要经过编辑、编译、连接和运行才能得到程序结果，如图 1-3 所示为 C 语言程序的处理流程。

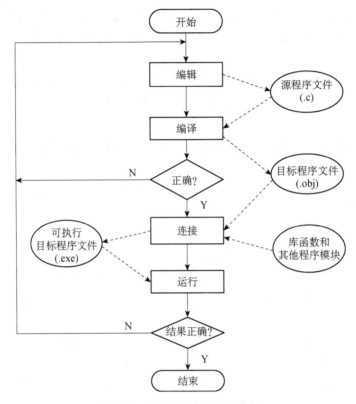

图 1-3　C 语言程序的处理流程

（1）编辑。可以用任何一种编辑软件将编写好的 C 语言源程序输入计算机，以纯文本文件形式保存在计算机的磁盘上（不能设置字体、字号等）。

（2）编译。编译过程使用 C 语言编译程序将编辑好的源程序文件 ".c" 翻译成目标程序文件 ".obj"。编译程序对源程序逐句检查语法错误，发现错误后不仅会显示错误的位置（行号），还会告知错误类型。此时需要再次回到编辑软件修改源程序的错误后再进行编译，直至排除所有的语法和语义错误为止。

（3）连接。程序编译后产生的可执行目标程序文件是可重定位的程序模块，不能直接运行。连接是将编译生成的各个程序模块和系统或第三方提供的库函数 ".lib" 连接在一起，生成可以脱离开发环境、直接在操作系统下运行的可执行目标程序文件 ".exe"。

（4）运行。如果运行可执行目标程序文件达到了预期设计目的，那么这个 C 语言程序的开发过程便完成了。如果运行出错，就需要再次回到编辑环境针对程序出现的错误进行修改，并重复 "编辑→编译→连接→运行" 的过程，直到达到预期设计目的。

2. C 语言的运行环境

运行环境一般包括代码编辑器、编译器、调试器和图形用户界面工具，其集成了代码的编写功能、分析功能、编译功能、调试功能。一般将这种集成了分析、编译、调试等功能的软件套组称作集成开发环境（Integrated Development Environment，IDE）。

C 语言的集成开发环境有很多，包括 Turbo C、VC++6.0、Dev-C++等。VC++6.0 是 C++程序默认的编译器，因为 C++是在 C 语言基础上产生的，所以也兼容 C 语言的编译和运行。VC++6.0 具有方便、直观、快捷的编辑器及丰富的库函数，能够把程序的编辑、编译、连接和运行等操作全部集中在一个软件中进行，十分方便。

本教材采用 Dev-C++编译运行程序。Dev-C++是一个 Windows 环境下的 C/C++集成开发环境，是一款自由软件，遵守 GPL（通用公共许可证）协议开发源代码，使用 MinGW32/GCC 编译器，执行 C/C++标准。其开发环境包括多页面窗口、工程编辑器及调试器等，在工程编辑器中集合了编辑器、编译器、连接程序和执行程序，提供高亮度语法显示和各种括号自动配对输入，还有完善的调试功能，能够满足不同程度学生的需求，是学习 C/C++首选的开发工具。目前最高版本为 5.11，仅占用 48MB 的内存空间。

（1）Dev-C++的安装。

从官网下载 Dev-C++5.11（中文版）的安装包，双击安装包即可开始安装，安装语言选择默认的"English"，如图 1-4 所示，安装内容都选择默认选项，然后选择安装路径，即可完成安装。

图 1-4　Dev-C++5.11（中文版）安装语言选择对话框

安装完成后，运行 Dev-C++，此时出现如图 1-5 所示的语言选项对话框，此时选择"简体中文/Chinese"，再单击"Next"按钮，在如图 1-6 所示的对话框中设置字体、颜色和图标，再单击"Next"按钮，完成设置后弹出如图 1-7 所示的主程序窗口。

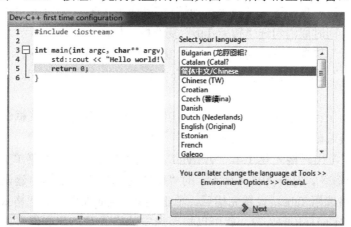

图 1-5　Dev-C++ 5.11（中文版）安装后首次运行语言选项设置对话框

图 1-6　Dev-C++5.11（中文版）安装后首次运行主题设置对话框

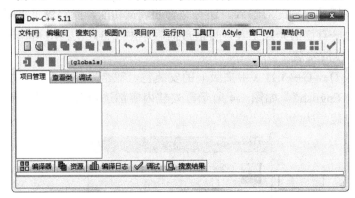

图 1-7　Dev-C++5.11（中文版）主程序窗口

（2）编辑器的设置。

Dev-C++5.11（中文版）编辑器的许多菜单和命令与 Windows 操作系统中程序窗口的操作相似，此处不再赘述，下面主要介绍几个常用的功能。

为了方便编辑，首先对编辑器的参数进行修改：选择"工具"→"编辑器属性"选项，然后进行如下操作。

● 在"基本"选项卡下，勾选"自动缩进""使用 Tab 字符""增强 Home 键功能"复选框，同时取消勾选"智能 Tab"复选框，如图 1-8（a）所示。

● 在"显示"选项卡下，勾选"行号"复选框，如图 1-8（b）所示。

● 在"语法"选项卡下，选择"预设"下拉列表中的"Visual Studio"，如图 1-8（c）所示。

● 在"自动保存"选项卡下，勾选"启用编辑器自动保存"复选框，如图 1-8（d）所示，最后单击"确定"按钮。

Dev-C++包含代码格式化工具"AStyle"。首次使用时，单击菜单"AStyle"中的"格式化选项"命令，打开如图 1-9 所示的"格式化选项"对话框，建议括号风格选用K&R，缩进风格选用 Tabs。设置完毕后，单击菜单"AStyle"中的"格式化当前文件"命令（快捷键"Ctrl+Shift+A"），就可以按照选定的格式对当前文件进行格式化，从而实现自动整理括号和缩进。

（a）"基本"选项卡设置

（b）"显示"选项卡设置

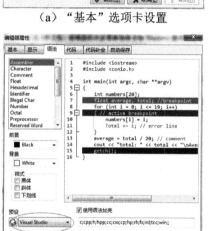

（c）"语法"选项卡设置

（d）"自动保存"选项卡设置

图 1-8　Dev-C++5.11（中文版）编辑器的参数设置

图 1-9　Dev-C++5.11（中文版）"格式化选项"对话框

经过上面的安装和设置，就可以使用 Dev-C++集成开发环境来调试程序了。

（3）使用 Dev-C++调试运行例 1.1，用 C 语言编程，在屏幕上显示"你好，C 语言！"。

第一步，新建程序。在 Dev-C++主窗口中，单击"文件"→"新建"→"源代码"命令，这时在右边的代码编辑区中就可以输入程序了，如图 1-10 所示。

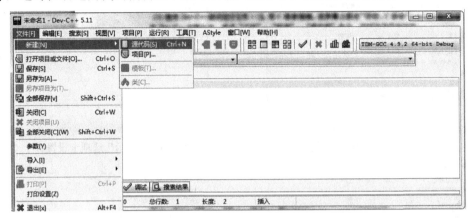

图 1-10 Dev-C++5.11（中文版）新建源代码主窗口

第二步，输入程序源码。此时可以发现 C 语言的包含命令#include 会变成蓝色，注释会变成红色，这有助于我们检查和修改程序。另外，括号只需输入左括号，右括号会自动出现，引号也是如此。程序输入后的窗口如图 1-11 所示，编辑区左边的装订线处会显示行数。

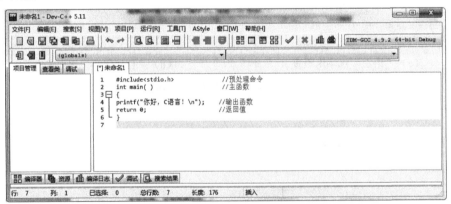

图 1-11 Dev-C++5.11（中文版）程序输入后的窗口

第三步，保存程序。程序输入完成后，必须先保存。单击工具栏上的"保存"按钮，或者使用快捷键"Ctrl+S"，打开"保存为"对话框，选择保存文件的路径并输入文件名，保存类型为 C source files(*.c)，单击"保存"按钮完成操作，如图 1-12 所示。

第四步，编译程序。程序编写完成后，从主菜单单击"运行"→"编译"命令或按快捷键"Ctrl+F9"一次性完成程序的预处理、编译和连接。再从主菜单单击"编译"→"运行"命令或按快捷键"Ctrl+F10"输出运行结果。当然，也可以使用工具栏上的编译运行按钮" 器 □ 器 器 "来实现。

图 1-12　Dev-C++5.11（中文版）"保存为"对话框

当单击"编译"→"运行"命令或使用工具栏上的编译运行按钮时，会一次性完成编译、运行操作。在编译过程中，若有错误，则会给出提示信息，此时要根据出错信息的提示进行修改，再次编译成功后，才能运行程序。

例如，在程序中，我们将 printf 语句后面的分号去掉，再编译程序，主窗口下方的调试信息窗口就会出现提示，指出错误的位置和性质，并统计错误和警告的个数，如图 1-13 所示。语法错误分为 error 和 warning 两类。当为 error 时，无法生成目标程序文件，更不能执行。而 warning 虽然不会影响目标程序文件及可执行目标程序文件的生成，但有可能会影响程序的运行结果。因此，建议最好把所有的错误都一一改正。

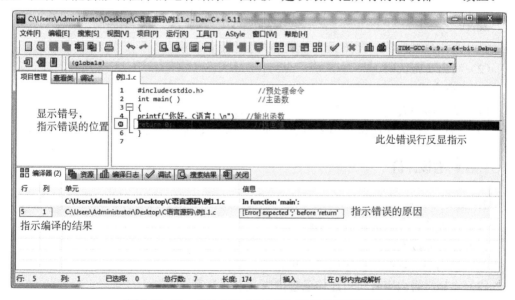

图 1-13　Dev-C++5.11（中文版）编译信息提示窗口

若编译成功，没有错误，则会弹出运行结果窗口。窗口中以虚线为界，上面是程序运行的结果，下面是固定的内容，显示程序运行的时间，提示按任意键继续，如图 1-14 所示。

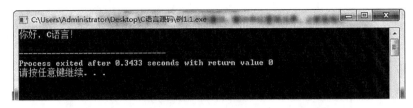

图 1-14　Dev-C++5.11（中文版）运行结果窗口

 任务实施

1. 任务描述

（1）实训任务：利用 C 语言来为自己制作微型简历。

（2）实训目的：练习使用 Dev-C++集成开发环境，掌握 C 语言程序编译、调试和运行的过程。

（3）实训内容：请参考图 1-15 编写程序，也可以自己实现个性化设置。

图 1-15　实训图示

2. 任务实施

（1）建议分组教学，4～6 人为一组，并选出组长。

（2）写出实施代码。

3. 任务成果

（1）请给出个人运行效果图。

（2）请总结任务实施过程中的重点、难点问题，以及收获。

 考核评价

1. 主要评价标准

每次任务评价分数的总分为 10 分。

（1）任务完成及时。

（2）代码书写规范，程序运行效果正常。

（3）实施报告内容真实可靠，条理清晰，书写认真。

（4）没完成任务，根据完成度进行扣分，故意抄袭实施报告扣 5 分。

2. 跟踪练习

编写程序，按格式输出下面的图形。

```
    *
   ***
  *****
   ***
    *
```

项目小结

扫码查看任务示例源码

本项目介绍了 C 语言的发展和特点，以及学习 C 语言的方法，重点介绍了 C 语言程序的结构特性、开发过程及集成开发环境 Dev-C++的使用。

学生可以从简单的小程序入手，通过上机练习，熟悉集成开发环境 Dev-C++的使用，同时理解和掌握 C 语言程序的书写规范。练习过程中一定要戒骄戒躁，切忌浮躁、半途而废。

同步训练

一、思考题

1. C 语言的主要特点是什么？

2. C 语言的主要用途是什么？与其他语言有什么区别？

3. 书写 C 语言程序时应该注意哪些问题？

二、单项选择题

1. C 语言属于下列哪类计算机语言？（　　）

A. 汇编语言　　　　　　　　　　　B. 高级语言

C. 机器语言　　　　　　　　　　　D. 以上均不属于

2. 一个 C 语言程序是由（　　）。

A. 一个主程序和若干个子程序组成的

B. 一个或多个函数组成的

C. 若干个过程组成的

D. 若干个子程序组成的

3. 一个 C 语言程序的执行是从（　　）。

A. main() 函数开始，直到 main() 函数结束

B. 第一个函数开始，直到最后一个函数结束

C. 第一个语句开始，直到最后一个语句结束

D. main() 函数开始，直到最后一个函数结束

4. C 语言语句的结束符是（　　）。

A. 回车符　　　　　B. 分号　　　　　C. 句号　　　　　D. 逗号

5. 以下说法正确的是（　　）。

A. C 语言程序的注释可以出现在程序的任何位置，它对程序的编译和运行不起任何作用

B. C 语言程序的注释只能是一行

C. C 语言程序的注释不能是中文文字

D. C 语言程序的注释中存在的错误会被编译器检查出来

6. 以下说法正确的是（　　　）。

A. C 语言程序中的所有标识符都必须小写

B. C 语言程序中的关键字必须小写，其他标识符不区分大小写

C. C 语言程序中的所有标识符都不区分大小写

D. C 语言程序中的关键字必须小写，其他标识符区分大小写

三、填空题

1. C 语言源程序文件的扩展名是_____，编译后生成的目标程序文件的扩展名是_____，经过连接后生成的可执行目标程序文件的扩展名是_____。

2. C 语言程序的多行注释是由_____和_____界定的文字信息组成的。

四、程序调试题

```
int  main( )
{
   int  a,b,c,sum;
 a=1;b=2;c=3;
 sum=a+b+c;
 printf("sum=%d\n",sum);
}
```

根据以上程序，写出运行结果。

项目2 学转数据

上一个项目我们制作了微型简历，学习了 C 语言程序的基本结构及简单的输出。在实际使用 C 语言编程时，需要处理各种各样的数据。例如，如何使用程序语言描述一个人的年龄、性别、身高、体重等信息？再如，设计一个超市信息管理系统，需要记录商品的货号、名称、价格、数量、供应商等数据，这些数据又该如何描述？在 C 语言中，这些数据都属于不同的类型，请带着这些问题，继续本项目的学习。

开始之前，请思考并回答以下两个问题。

问题 1：现实中有哪些类型的数据？

问题 2：不同类型的数据可以进行哪些运算？

学习目标

1. 知识目标

（1）掌握常量和变量的概念及作用。

（2）掌握 C 语言中的基本数据类型。

（3）掌握各种数学运算符的使用方法。

（4）掌握把数学表达式转换为 C 语言表达式的方法。

2. 能力目标

（1）能够定义和使用变量。

（2）能够通过赋值语句为变量赋值并输出变量的值。

（3）能够根据运算符的优先级和结合性计算表达式的值。

（4）能够应用 Dev-C++进行 C 语言程序的编辑、编译和执行。

3. 素质目标

（1）培养学生提出问题、分析问题和解决问题的能力。

（2）培养学生获取新知识、新技能、新方法的能力。

（3）培养学生独立思考的能力。

（4）培养学生团体合作的能力与集体主义精神。

2.1 计算球的体积——基本数据类型、常量与变量

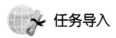 **任务导入**

在 C 语言中，整型数据、实型数据该如何描述？什么是常量，什么又是变量？这些都是学习计算机语言需要掌握的基础知识。下面通过求球的体积这个任务来进行学习。

 任务分析

已知：球的半径为 r，整型；球的体积公式为 $v = \dfrac{4}{3}\pi r^3$，π 的值取 3.14，实型，并且在运算中保持不变。

输出：球的体积，实型数据。

处理：利用公式，求球的体积。

要想实现本任务，首先应明确程序中需要使用哪些类型的数据，哪些是变量，哪些是常量，其与在数学中使用有哪些不同？这些都是本任务的学习要点。

 **相关知识**

2.1.1 C 语言的字符集

任何一种语言都有自己的符号、单词及构成语句的语法规则。C 语言作为计算机的一种程序设计语言，也有自己的字符集、标识符及命名规则。只有学习、遵循它们，才能编写出符合要求的程序。

字符是组成语言最基本的元素。在 C 语言中，字符集由字母、数字、空白符、下画线、标点和特殊字符组成。在字符常量、字符串常量和注释中还可以使用汉字或其他图形符号。

（1）字母：小写字母 a～z 共 26 个，大写字母 A～Z 共 26 个。

（2）数字：0～9 共 10 个。

（3）空白符：空格符、制表符、换行符等统称为空白符。空白符只在字符常量和字符串常量中起作用。在其他地方出现时，只起间隔作用，对程序的编译不产生影响，但在程序中适当的地方使用空白符可以增强程序的清晰度和可读性。

（4）下画线、标点和特殊字符：C 语言中的标点和运算符如表 2-1 所示。

表 2-1 C 语言中的标点和运算符

字符	名称	字符	名称	字符	名称	字符	名称
,	逗号	()	圆括号	\	反斜杠	/	除号
.	圆点	[]	方括号	~	波浪号	+	加号
;	分号	{}	花括号	#	井号	−	减号

续表

字符	名称	字符	名称	字符	名称	字符	名称
?	问号	<>	尖括号	%	百分号	=	等号
'	单引号	>	大于号	&	与	|	竖线
"	双引号	<	小于号	^	异或	_	下画线
:	冒号	!	感叹号	*	乘号		

2.1.2　C 语言的词汇

在 C 语言中使用的词汇分为 6 类：标识符、关键字、运算符、分隔符、常量、注释符。

1. 标识符

在程序中使用的变量名、函数名、数组名、标点符号等统称为标识符。除库函数中的函数名由系统定义外，其余都由用户自定义。C 语言规定，标识符只能是由字母（A～Z，a～z）、数字（0～9）、下画线（_）组成的字符串，并且第一个字符必须是字母或下画线。例如，a、x、x3、BOOK_1、sum5 是合法的。

【思考】以下标识符合法吗？

5a、f?a、-5x。

在使用标识符时还必须注意以下几点。

（1）标识符的长度受各种版本 C 语言编译系统的限制，同时也受机器型号的限制。如 C99 标准规定，编译器至少应该能够处理 63 个字符（包括 63）以内的内部标识符；编译器至少应该能够处理 31 个字符（包括 31）以内的外部标识符。

（2）标识符区分大小写。如 BOOK 和 book 是两个不同的标识符。

（3）标识符虽然可由用户自定义，但标识符是用于标识某个量的符号。因此，命名应赋予其相应的意义，以便阅读理解，做到顾名思义。

2. 关键字

关键字也称系统标识符，是由 C 语言规定的具有特定意义的字符串，通常也称保留字。用户自定义的标识符不应与关键字相同。C 语言中的关键字分为以下几类。

（1）类型说明符：用于定义、说明变量、函数或其他数据结构的类型。如前面例题中用到的 int、double 等。

（2）语句定义符：用于表示一个语句的功能。

（3）预处理命令字：用于表示一个预处理命令。如前例中用到的 include。

3. 运算符

C 语言中含有相当丰富的运算符。运算符与变量、函数一起组成表达式，表示各种运算功能。运算符由一个或多个字符组成。后面专门进行介绍。

4. 分隔符

C 语言中采用的分隔符有逗号和空格两种。逗号主要用在类型说明和函数参数表

19

中，用来分隔各个变量。空格多用于各语句的单词之间，做间隔符。在关键字、标识符之间必须有一个以上的空格符，否则会出现语法错误，如把 int a 写成 inta 时，编译器会把 inta 当成一个标识符处理，其结果必然出错。

5. 常量

C 语言中使用的常量可分为数字常量、字符常量、字符串常量、符号常量、转义字符常量等。后面专门进行介绍。

6. 注释符

C 语言中的注释符有两种。

第一种是以"/*"开头并以"*/"结尾的字符串。在"/*"和"*/"之间的即为注释。同一注释内容出现在多行上时，使用这种注释方法。

第二种是以"//"开头的字符串，在"//"后面的即为注释。注释的内容很短，只出现在一行上时，一般使用这种注释方法，当然也可以使用第一种注释方法。

程序编译时，不对注释做任何处理。注释可以出现在程序中的任何位置。注释用来向用户提示或解释程序的意义。在调试程序时，对于暂不使用的语句也可以用注释符，使编译跳过不做处理，待调试结束后再去掉注释符。

2.1.3　数据的变与不变——常量和变量

根据前面计算球的体积我们可以知道，有些数据在整个解题过程中是不变的，如圆周率 π 的值取 3.14 是不变的，有些数据是会变的，如球的半径是不知道的，并且可能发生变化。半径变化时，计算出来的球的体积也是变化的。

在 C 语言中，把计算过程中不变的量叫作常量，变化的量叫作变量。它们可与数据类型结合起来分类。如可分为整型常量、整型变量、浮点型常量、浮点型变量、字符型常量、字符型变量、枚举常量、枚举变量。

在程序中，常量可以不做说明直接引用，变量必须先定义后使用。

1. 常量

在程序的运行过程中，值不能被改变的量就是常量。在 C 语言中，常量也有不同的表现形式。

1）直接常量

直接常量就是通常说的常数，即从表面形式就可以判断它属于哪种数据类型。

例如：12 是整型，5.89 是实型，'7'是字符型。

2）符号常量

符号常量是指用编译预处理语句#define 规定的一个标识符代表的一个常量。一般在程序之前定义符号常量，并且通常用大写字母标识常量。一般形式：

```
#define 标识符 常量
```

例如：求球的体积，可以定义 PI 为常量，值为 3.14，声明方式如下。

```
#define PI 3.14
```

【例 2.1】以下程序段是符号常量的应用。

```
#define PRICE 30
int main( )
{
  int num,total;
  num=10;
  total=num* PRICE;
  printf("total=%d",total);
  return 0;
}
```

例 2.1 程序的运行结果如图 2-1 所示。

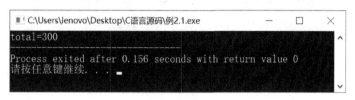

图 2-1　例 2.1 程序的运行结果

- 符号常量与变量不同，它的值在其作用域内不能被改变，也不能再被赋值。
- 使用符号常量的好处是含义清楚，并且能做到"一改全改"。

2. 变量

变量是指在程序执行过程中值可以改变的量，变量具有 3 要素：变量类型、变量名和变量的值。认识变量应从这 3 个要素入手。每个变量都有一个名称，称为变量名。变量在计算机内存中占据一定的内存单元，内存单元中存放着变量的值。事实上，对变量名的使用就是对其值的使用，并且无须知道它存储在哪个内存单元。整型变量 a 的示意图如图 2-2 所示。

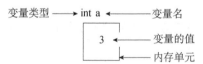

图 2-2　整型变量 a 的示意图

在 C 语言中，变量必须遵循"先定义，再赋值，后使用"的原则。

1）定义变量

在 C 语言中，使用变量前必须先定义。定义变量的形式如下：

类型说明符 变量名1，变量名2，变量名3，…;

说明：变量的类型说明符会在后面的数据类型中详细讲解。定义变量的时候可以一次定义多个相同类型的变量，用逗号隔开。

例如：

int a,b,c;

2）初始化变量

初始化变量是指在定义变量的同时就给它赋一个初值。初始化变量的格式如下：

类型说明符 变量名1=初值1，变量名2=初值2，…;

21

例如：

```
int a=5;
float b=2.3,c=7.8;
```

3）给变量赋值

定义变量时，系统会自动根据变量类型为其分配内存空间。但是如果此变量在定义时没有被初始化，那么它的值就是一个无法预料的、没有意义的值，所以通常要给变量赋予一个有意义的值。变量定义完成以后，再给变量一个确定的值，可以采用数据输入的方法，如通过调用函数 scanf()给变量输入数据，也可以采用如下的赋值方法。

变量名=表达式;

例如：

```
x=4;
y=a+b;
```

说明：

在给变量赋值的语句中，"="是赋值符号，不是等号。在 C 语言中，判断两个变量的数值是否相等用比较运算符 "=="。

赋值语句是把 "=" 右边表达式的值赋给 "=" 左边的变量。因此，像 i=i+1 这样的在数学中被认为是不成立的表达式，在 C 语言中是成立的。它表示将 i 的值加上 1 后赋给 i。

在 C 语言中，允许辗转赋值，即允许一个表达式中包含多个 "="。

例如：

```
int x,y,z;
x=y=z=1;
```

思考：分别用数据输入的方法和赋值的方法给已经定义的变量一个确定的值，用这两种方法编写的程序有什么区别？

2.1.4　C 语言中的数据类型

计算机中的数据信息，如图像、字符、声音和视频等，都是以二进制数的形式来存放的。那么计算机是如何区分这些信息的呢？这取决于计算机如何解释这些二进制数。例如，一串二进制数 01100001，如果解释为是整型数据，就是 97，如果解释为是字符型数据，就是小写字母 a。

根据实际需要，可以将数据分为不同类型来表示不同信息。在 C 语言中，数据类型可以分为基本类型、构造类型、指针类型、空类型 4 大类，如图 2-3 所示。

基本类型是 C 语言内部预先定义的数据类型，也是实际中最常用的数据类型，特点是其值不可以再分解为其他类型。本项目中，先介绍基本类型，其他数据类型在以后的项目中陆续介绍。

1. *基本类型——整型数据*

整型数据包括整型常量、整型变量。

1）整型常量

整型常量就是整常数。在 C 语言中，整常数有十进制、八进制和十六进制 3 种。在程序中是根据前缀来区分各种进制数的，因此在书写整常数时不要把前缀弄错。

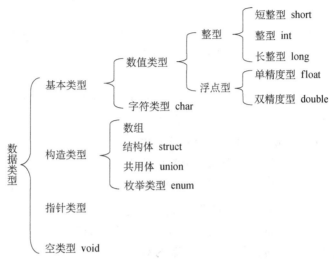

图 2-3　C 语言中的数据类型

（1）十进制整常数。

十进制整常数没有前缀。数码取值为 0～9。

以下各数是合法的十进制整常数：

237、−568、65535、1627。

以下各数不是合法的十进制整常数：

023（不能有 0）、23D（含有非十进制数码）。

（2）八进制整常数。

八进制整常数必须以数字 0 开头，即以 0 作为八进制整常数的前缀。数码取值为 0～7。八进制整常数通常是无符号数。

以下各数是合法的八进制整常数：

015（十进制为 13）、0101（十进制为 65）、0177777（十进制为 65535）。

以下各数不是合法的八进制整常数：

256（无前缀 0）、03A2（包含非八进制数码）、−0127（包含负号）。

（3）十六进制整常数。

十六进制整常数的前缀为 0X 或 0x。数码取值为 0～9，A～F 或 a～f。

以下各数是合法的十六进制整常数：

0X2A（十进制为 42）、0XA0（十进制为 160）、0XFFFF（十进制为 65535）。

以下各数不是合法的十六进制整常数：

5A（无前缀 0X）、0X3H（含有非十六进制数码）。

说明：

● 整常数的后缀是 "L" 或 "l"。

在不同字长的机器上，基本整常数的长度是不同的，如 16 位机器的基本整常数的长度是 2 字节，32 位机器的基本整常数的长度是 4 字节。也就是说整常数是有范围的，通常通过在基本整常数的后面加后缀来表示长整常数。

例如：

十进制长整常数：158L（十进制为 158）、358000L（十进制为 358000）；

八进制长整常数：012L（十进制为 10）、077L（十进制为 63）、0200000L（十进制为 65536）；

十六进制长整常数：0X15L（十进制为 21）、0X10000L（十进制为 65536）。

● 整常数的无符号数的后缀为 "U" 或 "u"。

例如：358u、0x38Au、235Lu 均为无符号数。

● 前缀、后缀可同时使用以表示各种类型的数。

例如：0XA5Lu 表示十六进制无符号长整常数 A5，其十进制为 165。

【例 2.2】以下选项中是合法整常数的是_____。

A. 10110B   B. 0386   C. 0Xffa   D. x2a2

此题主要考查整常数的表示方法，答案为 C。

【例 2.3】以下程序运行后的输出结果是_____。

```c
int main()
{
  int a,b,c;
  a=25;
  b=025;
  c=0x25;
  printf("%d %d %d\n",a,b,c);
  return 0;
}
```

此题主要考查整常数的表示方法及八进制和十六进制与十进制之间的转化，例 2.3 程序的运行结果如图 2-4 所示。

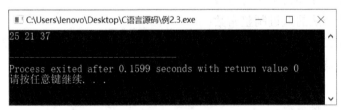

图 2-4　例 2.3 程序的运行结果

2）整型变量

用来存放整型数据的变量就是整型变量。整型变量是常用的变量类型。

（1）整型变量的分类。

在 C 语言中，有多种整型数据类型，如基本整型、长整型、短整型、无符号整型等，以适应不同应用的需求。

各种整型数据的区别在于：采用不同位数的二进制编码表示，占用不同的内存空间，表示不同的数值范围。目前计算机通常是 32 位的系统，各种整型数据的类型名、类型说明符、取值范围及占据的字节数如表 2-2 所示。

表 2-2 整型数据类型（适用 32 位机）

类型名	类型说明符	取值范围	占据的字节数
短整型	short [int]	$-2^{15}\sim(2^{15}-1)$，即 $-32768\sim32767$	2
无符号短整型	unsigned short [int]	$0\sim(2^{16}-1)$，即 $0\sim65535$	2
基本整型	int	$-2^{31}\sim(2^{31}-1)$，即 $-2147483648\sim2147483647$	4
无符号整型	unsigned int	$0\sim(2^{32}-1)$，即 $0\sim4294967295$	4
长整型	long int	$-2^{31}\sim(2^{31}-1)$，即 $-2147483648\sim2147483647$	4
无符号长整型	unsigned long	$0\sim(2^{32}-1)$，即 $0\sim4294967295$	4

注：表中"[]"代表可选项；表中以 32 位的编译系统为例。

在数学中只有整数一个类型，那为什么 C 语言中有这么多数据类型呢？根据计算机原理可知，计算机的程序都是在内存中运行的，而内存空间相对比较宝贵，划分数据类型就是为了节约计算机内存。因为有的整数不可能太大，如人的年龄，有的不可能为负，如单位的员工人数，所以可以根据实际数据的大小和性质选择不同的类型。

（2）整型变量的定义及初始化。

声明整型变量的常用例子如下：

```
int a,b,c;
long x,y;
unsigned p,q;
int d=10;
```

2. 基本类型——实型数据

实型数据又称实数或浮点数，是指带有小数部分的非整数数值。

1）实型常量

在 C 语言中，实数只用十进制数表示，常量有两种表现形式。

（1）小数形式：由数字 0～9 和小数点组成，小数点不能省略。

例如：0.0、25.1、.125、22.、−45.32 等均为合法的实型常量。

（2）指数形式：由十进制数、阶码标志（"e"或"E"）和阶码（必须是整数）组成。

其一般形式为：

```
a E n
```

a 为十进制数，n 为十进制整数，a E n 的值为 $a*10^n$。

例如：

以下是合法的实数：

2.1E5（等于 $2.1*10^5$）、3.7E−2（等于 $3.7*10^{-2}$）、0.5E7（等于 $0.5*10^7$）、−2.8E−2（等于 $-2.8*10^{-2}$）。

以下不是合法的实数：

345（无小数点）、E7（阶码标志 E 之前无数字）、−5（无阶码标志）、53.−E3（负号位置不对）、2.7E（无阶码）。

【提示】小数形式直观易读，指数形式适合表示绝对值较大或较小的数值。

2）实型变量

（1）实型数据在内存中的存放形式。

实型数据在内存中都是以浮点形式存放的。而且无论数值大小，一个实型数据都被分为小数和指数两部分，也就是说实型数据按指数形式存储。如实数 3.14159 在内存中的存放形式如下。

+	.314159	1
符号	小数部分	指数

- 小数部分占的位数越多，表示有效数字越多，精度越高。
- 指数部分占的位数越多，表示的数值范围越大。

（2）实型变量的分类。

实型变量的类型主要有两种：单精度实型（float 型）、双精度实型（double 型）。各种实型变量类型的类型名、类型说明符等信息如表 2-3 所示。

表 2-3 实型变量的类型

类型名	类型说明符	占用的字节数	有效数字	数值范围
单精度实型	float	4	6～7	$-3.4\times10^{-37}\sim3.4\times10^{38}$
双精度实型	double	8	15～16	$-1.7\times10^{-307}\sim1.7\times10^{308}$

（3）实型变量的定义及初始化。

实型变量的定义和初始化的格式和书写规则与整型变量类似。

例如：

```
float x,y;            //x,y为单精度实型量
double a=3.5,b,c;     //a,b,c为双精度实型量
```

（4）实型变量的舍入误差。

由于实型变量是由有限个内存单元组成的，因此能提供的有效数字总是有限的，如例 2.4。

【例 2.4】以下程序段考查的是实型变量的舍入误差。注意：1.0/3*3 的结果并不等于 1。

```
int main( )
{
    float a;
    double b;
    a=33333.33333;
    b=33333.33333333333333;
    printf("%f\n%f\n",a,b);
    return 0;
}
```

例 2.4 程序的运行结果如图 2-5 所示。

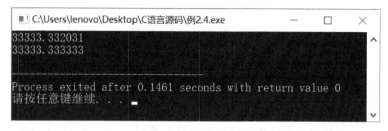

图 2-5　例 2.4 程序的运行结果

从例 2.4 中可以看出，a 是单精度浮点型，有效位数为 7 位。由于整数已占 5 位，因此只有小数点后的两位数字是有效数字。b 是双精度型，有效位数为 16 位，所以小数位中有 6 位是准备位。通过此例题可以看出，根据实际情况，将 float 类型改为 double 类型可以避免因运算超出存储范围而产生的溢出问题，从而消除误差。

基本类型中最常用的类型还有字符型，我们将在任务 2.2 中进行介绍。

 任务实施

1. 任务描述

（1）实训任务：求任意半径球的体积。

（2）实训目的：练习 Dev-C++集成开发环境的使用；掌握 C 语言中基本的字符集、标识符的规则；掌握常量与变量的区别；掌握 C 语言中基本数据类型的使用方法。

（3）实训内容：通过随机录入球的半径，求球的体积。

2. 任务实施

（1）建议分组教学，4~6 人为一组，并选出组长。

（2）写出实施代码。

3. 任务成果

（1）请给出运行结果图。

（2）请总结任务实施过程中的重点、难点问题，以及收获。

 考核评价

1. 主要评价标准

每次任务评价分数的总分为 10 分。

（1）任务完成及时。

（2）代码书写规范，程序运行效果正常。

（3）实施报告内容真实可靠，条理清晰，书写认真。

（4）没完成任务，根据完成度进行扣分，故意抄袭实施报告扣 5 分。

2. 跟踪练习

已知一个圆的半径为 2.5cm，求圆的周长和面积，并写出程序代码。

任务2.2　解密小密报——报文的加密与解密

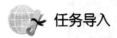 **任务导入**

上个任务学习了 C 语言中整型和实型两种基本类型，下面学习基本类型中的字符型。

王明在学习了字符型数据后，决定编制一个密码器，实现给好友李晓发送加密电报。报文由小写字母 a～n、空格及标点符号组成，在发报时希望每输入一个字母，输出与其相邻的下一个字母。例如，输入是"love"，输出应得到"mpwf"。

 任务分析

分析以上任务，在实现时应做到。

输入：将输入的小写字母、空格和标点符号存储到变量 word 中。

处理：对输入的数据进行判断，看是否在 a～z 的范围内，如果在就进行加密处理，输出加 1 后的字符型数据，最后把加密后的数据存储到输出变量中。

输出：加密后的字母存储到变量 password 中，最后输出 password 中的数据。

 相关知识

计算机诞生于美国，早期的计算机使用者大多使用英文。20 世纪 60 年代，美国国家标准学会（American National Standards Institute，ANSI）制定了美国标准信息交换码（American Standard Code for Information Interchange），简称 ASCII 码，主要用于显示现代英语和其他西欧语言。完整的 ASCII 码表请查看附录。

ASCII 码规定了 128 个英文字符与二进制位的对应关系，每个字符占用一字节。例如，字母 a 的 ASCII 码为 0110 0001（十进制数是 97），字母 a 在存储到内存之前会被转换为 0110 0001，计算机读取 0110 0001 时也会将其转换为字母 a。

在 C 语言程序的编写过程中要使用字符时，如"@"，可直接在键盘上输入，因为C 语言程序的编译系统会根据 ASCII 码的规定进行转换。编程过程中为了区别数字和数字字符（如电话号码、车牌号等），C 语言规定了字符的相关使用方法，其中，字符型数据包括两种：单个字符和字符串。下面介绍字符型数据的使用方法。

2.2.1　字符型常量

1. 字符常量

在 C 语言中，字符常量有两种类型。

（1）普通字符：用单引号引起来的单个字符。

例如：'%' '2' 'a' 'A'。

说明：

'a'和'A'是不同的两个字符常量。

单引号中的空格符也是一个字符常量。

字符常量在内存中占一字节，内存中存放的是字符的 ASCII 码的值。如'a'的值是97，'A'的值是 65，'2'的值是 50。

（2）转义字符。

ASCII 码表中的 128 个字符，除可以直接从键盘上输入的字符（如英文字母、数字、标点符号等）外，还有一些字符是无法用键盘直接输入的，例如，"回车"需要采用一种新的定义方式——转义字符。

转义字符是一种特殊的字符常量。转义字符以反斜线"\"开头，后跟一个或几个字符。转义字符具有特定的含义，不同于字符原有的意义，故称"转义"字符。转义字符主要用来表示那些用一般字符不便于表示的控制代码。如表 2-4 所示为常用的转义字符及其含义。

表 2-4　常用的转义字符及其含义

转义字符	转义字符的含义	ASCII 码（十进制）
\n	回车换行	10
\t	横向跳到下一制表位置	9
\b	退格	8
\r	回车	13
\f	走纸换页	12
\\	反斜线符"\"	92
\'	单引号符	39
\"	双引号符	34
\ddd	1～3 位八进制数所代表的字符	
\xhh	1～2 位十六进制数所代表的字符	

广义地讲，C 语言字符集中的任何一个字符均可用转义字符来表示。表中的"\ddd"和"\xhh"正是为此而提出的，其中的"ddd"和"hh"分别为八进制和十六进制的 ASCII 码。如"\101"表示字母 A，"\102"表示字母 B，"\134"表示反斜线，"\x0a"表示换行等。

【例 2.5】以下程序段使用的是转义字符。

```c
int main()
{
  printf("⊔⊔ab⊔⊔c\tde\rf\n");
  printf("hijk\tL\bM\n");
  return 0;
}
```

此题主要考查转义字符的使用，运行结果为（⊔代表空格）：

f⊔ab⊔⊔c⊔de

hijk⊔⊔⊔⊔M

2. 字符串常量

字符串常量是用双引号引起来的 0 个、一个或多个字符序列。

例如："beijing""I LOVE YOU"等都是合法的字符串常量。

字符串常量在存储时，依次存放的是字符串中的每个字符和字符串结束标志"\0"，所以字符串在内存中所占的字节数为字符串的字符数+1，如"beijing"在内存中占7+1 字节。书写字符串时不必加"\0"，系统存储时会自动添加。

3. 字符常量与字符串常量的区别

字符常量和字符串常量是不同的量。它们之间主要有以下区别。

（1）字符常量由单引号引起来，字符串常量由双引号引起来。

（2）字符常量只能是单个字符，字符串常量则可以含 0 个、一个或多个字符。

（3）字符常量可以赋给一个字符变量，但字符串常量不可以。在 C 语言中没有相应的字符串变量，可以使用字符数组来存放字符串常量。

（4）字符常量占一字节的内存空间，字符串常量在内存中所占的字节数为字符个数+1，最后增加字符串结束标志"\0"（ASCII 码为 0）。

例如，字符串常量"C program"在内存中的存储情况为：

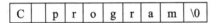

此外，字符常量'a'和字符串常量"a"虽然都只有一个字符，但其占用内存的情况是不同的。

'a'在内存中占一字节，表示为：

a

"a"在内存中占两字节，表示为：

a	\0

2.2.2 字符型变量

字符型变量用来存储字符常量，即单个字符，在内存中占用一字节。

字符型变量的类型说明符是 char，定义的格式和书写规则与整型变量相同。

例如：

```
char a,b;
```

注意：

（1）在 C 语言中，没有字符串变量，不能将一个字符串常量赋给一个字符型变量，要想存放字符串，必须使用数组。

（2）字符型变量存储的是该字符二进制形式的 ASCII 码，因此字符型数据和整型数据之间可以进行运算。字符型数据输出时既可以是字符形式，也可以是整数形式。

【例 2.6】输出字符型变量的程序如下。

```
#include<stdio.h>
int main( )
```

```
{
    char c1,c2;
    c1='a';
    c2=97;
    printf("%c,%c\n",c1,c2);
    printf("%d,%d\n",c1,c2);
    return 0;
}
```

例 2.6 程序的运行结果如图 2-6 所示。

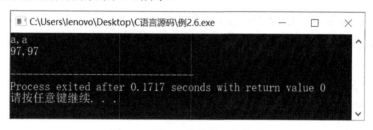

图 2-6　例 2.6 程序的运行结果

 任务实施

1. 任务描述

（1）实训任务：报文的加密与解密。

（2）实训目的：练习 Dev-C++集成开发环境的使用；掌握 C 语言基本字符型常量与字符串的区别及使用方法；掌握 C 语言字符型变量的使用方法。

（3）实训内容：编制一个密码器，实现给好友李晓发送加密电报，报文由小写字母 a～n 组成，要求在发报文时每输入一个字母，输出与其相邻的下一个字母。如原文是"love"，输出得到"mpwf"。

2. 任务实施

（1）建议分组教学，4～6 人为一组，并选出组长。

（2）请给出实施代码。

3. 任务成果

（1）给出个人运行效果。

（2）请总结任务实施过程中的重点、难点问题，以及收获。

 考核评价

1. 主要评价标准

每次任务评价分数的总分为 10 分。

（1）任务完成及时。

（2）代码书写规范，程序运行效果正常。

（3）实施报告内容真实可靠，条理清晰，书写认真。

（4）没完成任务时，根据完成情况扣分，故意抄袭实施报告扣 5 分。

2. 跟踪练习

将 China 译成 Glmre，并写出程序代码。

任务2.3 分离不同位的数字——运算符与表达式

 **任务导入**

前面两个任务学习了 C 语言中的 3 种基本数据类型，下面将结合实际任务对数据进行运算。对于数学中的各种运算在 C 语言程序中如何实现，下面结合"分离不同位的数字"的任务对相关知识进行讲解。

请编写程序实现，从键盘输入一个 3 位的十进制整数，对各个位的数字进行分离和输出。例如，输入 396，输出的个位数是 6，十位数是 9，百位数是 3。

 任务分析

输入：一个 3 位的十进制整数。

处理：分别找出百位数、十位数和个位数。

输出：百位数、十位数和个位数。

 **相关知识**

2.3.1 C 语言中的运算符

C 语言中包含大量的运算符和表达式，这在高级语言中是少见的。正是有了这些丰富的运算符和表达式才使得 C 语言的功能十分完善，这也是 C 语言的主要特点之一。

C 语言中的运算符不仅有不同的优先级，还有不同的结合性，结合性增加了 C 语言运算的复杂性。在表达式中，要通过运算符的优先级和结合性两个方面确定是自左向右进行运算还是自右向左进行运算。

在 C 语言中，运算符可以分为以下几类：算术运算符、关系运算符、逻辑运算符、赋值运算符、条件运算符、逗号运算符、指针运算符、求字节数运算符和特殊运算符。

关系运算符、逻辑运算符和条件运算符多在选择结构和循环结构中用于条件的判断，这部分内容将在项目 4 进行讲解，指针运算符将在项目 9 进行讲解。

2.3.2 算术运算符和算术表达式

1. 算术运算符

C 语言中常用的算术运算符如表 2-5 所示。

表 2-5　C 语言中常用的算术运算符

运算符号	运算符说明	示例	结合性	说明
+	正号	+a	自右向左	一元运算符
-	减号	-a	自右向左	一元运算符
+	加法	a+b	自左向右	二元运算符
-	减法	a-b	自左向右	二元运算符
*	乘法	a*b	自左向右	二元运算符
/	除法	a/b	自左向右	二元运算符
%	求余或求模	a%b	自左向右	二元运算符

注意问题：

（1）除法运算符（/）：当参与运算的量均为整型时，其结果也应为整型，小数部分应舍去；当参与运算的量中有一个量是实型时，其结果应为双精度实型。

（2）求余运算符（%）：要求参与运算的量均为整型，结果等于两个量相除的余数。

【例 2.7】以下程序段是除和求余运算符的运用。

```c
#include<stdio.h>
int main( )
{
    printf("%d,%d\n",20/7,-20/7);
    printf("%f,%f\n",20.0/7,-20.0/7);
    printf("%d\n",100%3);
    return 0;
}
```

例 2.7 程序的运行结果如图 2-7 所示。

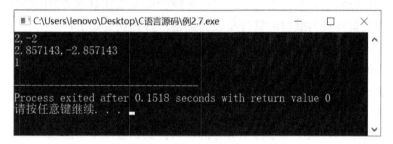

图 2-7　例 2.7 程序的运行结果

2. 算术表达式

表达式是由常量、变量、函数和运算符组合起来的式子。单个的常量、变量、函数可以看作表达式的特例。

用算术运算符和括号将运算对象（也称操作数）连接起来的、符合 C 语言语法规则的式子称为算术表达式，以下是算术表达式的例子。

a+b　　　　(a*2)/c　　　　(x+r)*8-(a+b)/7　　　　++i　　　sin(x)+sin(y)

本任务要求获得一个 3 位十进制整数的个位、十位和百位，可以借助除法运算和取余运算求解。

例如：375 的个位数可以通过 375%10 得到；十位数可以通过 375/10%10 得到；百位数可以通过 375/100 取整得到。

2.3.3　赋值运算符和赋值表达式

1. 赋值运算符和赋值表达式

赋值运算符（=）的作用是将一个数值赋给一个变量。赋值运算符的优先级比算术运算符、关系运算符和逻辑运算符低。由"="连接的式子称为赋值表达式。

赋值表达式的一般形式为：

```
变量=表达式;
```

例如：

```
x=a+b;
w=sin(a)+sin(b);
y=i+++--j;
```

赋值表达式的功能是先计算表达式的值，再赋给左边的变量，具有右结合性。因此 a=b=c=5 可理解为 a=(b=(c=5))。

在其他高级语言中，赋值构成了一个语句，称为赋值语句。而在 C 语言中，把"="定义为运算符，由其组成赋值表达式。如 x=(a=5)+(b=8) 是合法的，它的意义是把 5 赋给 a，8 赋给 b，再把 a 和 b 相加的结果赋给 x，故 x 的值应为 13。

按照 C 语言的规定，任何表达式在末尾加上分号就构成语句，凡是表达式可以出现的地方均可以出现赋值表达式。如 x=8 和 a=b=c=5;都是赋值语句。

2. 赋值运算引起的类型转换

当赋值运算符两边的数据类型不相同时系统会自动进行数据类型的转换，即把赋值运算符右边的类型转换为赋值运算符左边的类型。具体规定如下。

（1）将实型数据赋给整型变量时，舍去小数部分。

（2）将整型数据赋给实型变量时，数值不变，但以浮点数的形式存放，即增加小数部分（小数部分的值为 0）。

（3）将字符型数据赋给整型变量时，由于字符型数据在内存中占一字节，而整型变量在内存中占 4 字节，因此将字符型数据的前八位放到整型变量的低八位中。反过来将整型数据赋给字符型变量时，只将整型数据的低八位赋给字符型变量。

【例 2.8】以下程序段是由赋值运算引起的数据类型的转换。

```
#include<stdio.h>
int main( )
{
    int a,b=322,c;
    float x,y=8.88;
    char c1='k',c2;
    a=y;
    x=b;
    c=c1;
```

```
        c2=b;
        printf("%d\t %f\t %d\t %c\t",a,x,a,c2);
    }
```

例 2.8 程序的运行结果如图 2-8 所示。

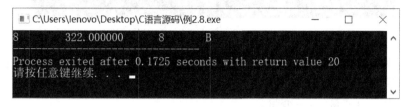

图 2-8 例 2.8 程序的运行结果

本例表明了赋值运算中数据类型转换的规则。将实型变量 y 的值 8.88 赋给整型变量 a 时只取整数 8；将整型变量 b 的值 322 赋给实型变量 x 时增加了小数部分；将字符型变量 c1 的值赋给整型变量 c 时转换为整型；将整型变量 b 的值赋给字符型变量 c2 时，只将其低八位（b 的低八位为 01000010，即十进制 66）转换为字符型，其 ASCII 码对应的字符是大写字母 B。

3. 复合赋值运算符

在赋值运算符 "=" 之前加上其他的双目运算符可以构成复合赋值运算符，如+=、─=、*=、/=、%=、<<=、>>=、&=、^=、|=。复合赋值运算符十分有利于编译处理，可以提高编译效率并产生质量较高的目标代码。

复合赋值表达式的一般形式为：

变量 复合赋值运算符 表达式；

例如：

```
a+=5;      //等价于 a=a+5
x*=y+7;    //等价于 x=x*(y+7)
r%=p;      //等价于 r=r%p
```

【例 2.9】以下程序段执行的是复合赋值运算。

```
#include<stdio.h>
int main()
{
    int a;
    char c=10;
    float f=100.0; double x;
    a=f/=c*=(x=6.5);
    printf("%d %d %f %f\n",a,c,f,x);
    return 0;
}
```

例 2.9 程序的运行结果如图 2-9 所示。

4. 自增、自减运算符

复合赋值运算有两种特殊情形 a+=1 和 a─=1，在 C 语言中，通常把它们缩写成++a 和──a，这里的运算符++和──，称为自增运算符和自减运算符。

```
C:\Users\lenovo\Desktop\C语言源码\例2.9.exe                                —    □    ×
1  65   1.538462   6.500000
_____
Process exited after 0.1605 seconds with return value 0
请按任意键继续. . .
```

图 2-9   例 2.9 程序的运行结果

自增运算符和自减运算符有两种形式，一种是前缀形式，即把运算符放在变量的前面；另一种是后缀形式，即把运算符放在变量的后面。

前缀形式：++变量、--变量。

后缀形式：变量++、变量--。

前缀形式++i 或--i 的运算规则是：把 i+1 或 i-1 的值赋给变量 i，而表达式（++i 或--i）取变量 i 被赋值后的值，即++i 与 i=i+1 等价，--i 与 i=i-1 等价。

后缀形式 i++或 i--的运算规则是：把 i+1 或 i-1 的值赋给变量 i，而表达式（i++ 或 i--）取变量 i 被赋值前的值。

i++和 i--在理解和使用上容易出错。特别是当它们出现在较复杂的表达式或语句中时，容易引起意想不到的错误，不建议频繁使用。使用时可以借助小括号来标识表达式的组成结构。

【例 2.10】以下程序段执行的是自增自减运算。

```c
#include<stdio.h>
int main(  )
{
    int i=8;
    printf("%d\n",++i);        //i的初值为8，i加1后的输出为9
    printf("%d\n",--i);        //i先减1后再输出，i为8
    printf("%d\n",i++);        //先输出表达式的值8，然后i执行+1操作，i变为9
    printf("%d\n",i--);        //先输出表达式的值9，然后i执行-1操作，i变为8
    printf("%d\n",-i++);       //先输出表达式的值-8，然后i执行+1操作，i变为9
    printf("%d\n",-i--);       //先输出表达式的值-9，然后i执行-1操作，i变为8
    return 0;
}
```

例 2.10 程序的运行结果如图 2-10 所示。

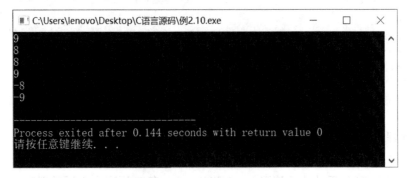

```
C:\Users\lenovo\Desktop\C语言源码\例2.10.exe                               —    □    ×
9
8
8
9
-8
-9
_____
Process exited after 0.144 seconds with return value 0
请按任意键继续. . .
```

图 2-10   例 2.10 程序的运行结果

2.3.4　逗号运算符和逗号表达式

在 C 语言中，逗号也是一种运算符，称为逗号运算符。其功能是把两个表达式连接起来组成一个表达式，称为逗号表达式。

其一般形式为：

表达式1，表达式2；

逗号表达式的计算过程是分别求两个表达式的值，并以表达式 2 的值作为整个逗号表达式的值。

【例 2.11】已知 x 和 y 都是 int 型变量，x=100，y=200，那么 printf("%d"，(x,y))的输出结果是_____。

　A. 200　　　B. 100　　　C. 100　　200　　　D. 输出格式符不够，输出不确定的值

本例中，y 等于整个逗号表达式(x,y)的值，也就是 200，因此输出为 200。

【例 2.12】以下程序的输出结果是_____。

```
int main( )
{   int a=666,b=888;
    printf("%d\n",a,b);
    return 0;
}
```

　A. 错误信息　　　B. 666　　　C. 888　　　D. 666,888

注意此题和例 2.11 不同，答案为 B。

关于逗号表达式的两点说明：

（1）逗号表达式一般形式中的表达式 1 和表达式 2 也可以是逗号表达式，这样就形成了嵌套。此情况下可以把逗号表达式扩展为以下形式，整个逗号表达式的值等于表达式 n 的值。

表达式1,表达式2,…,表达式n；

（2）并不是在所有出现逗号的地方都组成逗号表达式，如在变量说明中，函数参数表中的逗号只是各变量之间的间隔符。

2.3.5　运算符的优先级

在 C 语言中，运算符的优先级分为 15 级。1 级最高，15 级最低。在表达式中，优先级较高的运算符先于优先级较低的运算符进行运算。当一个运算量两侧的运算符的优先级相同时，按运算符的结合性所规定的结合方向进行运算。

在 C 语言中，各运算符的结合性分为两种，即左结合性和右结合性。如算术运算符的结合性是自左至右，即先左后右。例如，表达式 x−y+z，其运算顺序为 y 先与 "−" 结合，执行 x−y 运算，再执行+z 的运算。而自右至左的结合方向称为右结合性。最典型的右结合性运算符是赋值运算符。例如，x=y=z，由于 "=" 的右结合性，因此应先执行 y=z 再执行 x=(y=z)。

2.3.6　强制类型转换运算符

在 C 语言中，可以把一种类型的数据通过强制类型转换运算符转换为另一种类型的数据。

其一般形式为：

（类型说明符）（表达式）

其功能是把表达式的运算结果强制转换为类型说明符所表示的类型。

例如：

```
(float) a          //把a转换为实型
(int)(x+y)         //把x+y的结果转换为整型
```

 任务实施

1. 任务描述

（1）实训任务：分离不同位的数字。

（2）实训目的：练习 Dev-C++集成开发环境的使用；掌握 C 语言中算术运算符及算术表达式的使用方法；掌握 C 语言中赋值运算符和赋值表达式的使用方法；掌握 C 语言中逗号运算符和逗号表达式的使用方法。

（3）实训内容：编写一个程序，从键盘输入一个三位的整数，对各个位的数字进行分离和输出。例如，输入 396，输出个位数是 6，十位数是 9，百位数是 3。输出效果可依照图 2-11。

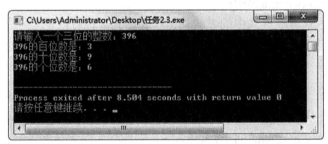

图 2-11　实训效果图示

2. 任务实施

（1）建议分组教学，4～6 人为一组，并选出组长。

（2）请给出实施代码。

3. 任务成果

（1）请给出个人运行效果。

（2）请总结任务实施过程中的重点、难点问题，以及收获。

 考核评价

1. 主要评价标准

每次任务评价分数的总分为 10 分。

（1）任务完成及时。

（2）代码书写规范，程序运行效果正常。

（3）实施报告内容真实可靠，条理清晰，书写认真。

（4）没完成任务，根据完成度进行扣分，故意抄袭实施报告扣 5 分。

2. 跟踪练习

编写一个程序，输入一个字符，输出 ASCII 码比它大 5 的字符，写出程序代码。

项目小结

扫码查看任务示例源码

本项目首先介绍了 C 语言中的字符集、标识符和关键字，然后讲解了整型常量与变量、实型常量与变量、字符型常量与变量的用法，最后讲解了算术运算符、赋值运算符和逗号运算符及不同类型间的强制类型转换。

标识符、数据类型和运算符是 C 语言中最基础的知识，初学者要明确计算机语言中运算符及表达式与数学中的区别，避免在后续编程中出现错误。同时，初学者在学习过程中没有必要掌握每个细节，重点掌握常用的一些方法即可，遇到问题时可以查阅相关资料，随着不断地练习，慢慢便会掌握，不要急于求成。

同步训练

一、思考题

C 语言中的输入输出函数有哪些？在使用输入输出函数时，若不写预处理命令，则会对哪些函数产生影响？原因是什么？

二、单项选择题

1. 以下程序的输出结果是_____。

```
void main( )
{ int a=5,b=4,c=6,d;
  printf("%d\n",a>b?(a>c?a:c):(b));
}
```

A. 5   B. 4   C. 6   D. 不确定

2. 设有定义 long x=-123456L，以下能够正确输出变量 x 值的语句是_____。

A. printf("x=%d\n",x)   B. printf("x=%ld\n",x)

C. printf("x=%8dl\n",x)   C. printf("x=%LD\n",x);

3. 以下程序的输出结果是_____。

```
void main( )
{ int k=17;
  printf("%d,%o,%x\n",k,k,k);
}
```

A. 17,021,0x11   B. 17,17,17

C. 17,0x11,021   D. 17, 21,11

4. 设 x,y 均为 int 类型变量，以下不正确的函数调用语句是_____。

A. getchar( );

B. putchar('\108');

C. scanf("%d %*2d%d",&x,&y);

D. putchar('\');

5. 下面程序的输出结果是_____。

```
void main( )
{ char c1='6',c2='0';
   printf("%d %d %d\n",c1,c2,c1-c2);
}
```

A. 因输出格式不合法，输出出错信息

B. 54,48,6

C. 6,0,7

D. 6,0,6

6. 有下面程序，若从键盘上输入 10A10<回车>，则输出结果是_____。

```
void main( )
{
    int m=0,n=0;  char c='a';
    scanf("%d%c%d",&m,&c,&n);
    printf("%d,%c,%d\n",m,c,n);
}
```

A. 10,A,10   B. 10,a,10

C. 10,a,0   D. 10,A,0

项目3 顺序结构程序设计

项目引入

现代社会，计算机软件与人们的日常生活息息相关，从个人 PC 到智能手机，再到智能电器等都需要使用计算机软件来编程。计算机和智能设备功能的实现都是通过软件来完成的，而软件功能的实现则是通过程序设计来完成的。程序设计的目的是通过对信息的获取和处理来解决问题。在程序设计中必须掌握的内容有数据类型、数据处理、数据的输入与输出等；在程序处理的过程中必须掌握的方法有顺序结构的设计、选择结构的设计、循环结构的设计和函数的使用等。

数据类型和程序结构是程序设计最基础的内容，是学习计算机语言的核心，学生必须扎实基础，牢记学习程序设计的初心，砥砺前行，方能学有所成。

学习目标

1. 知识目标

（1）了解 C 语言的语句知识。

（2）掌握格式化输入/输出函数的语法及使用方法。

（3）掌握 C 语言程序的 3 种基本结构，以及顺序结构程序的编写方法。

2. 能力目标

（1）能够熟练根据数据处理需求描述适合数据类型的常量、定义适合数据类型的变量。

（2）能够熟练根据数据处理需求正确编写表达式。

（3）能够设计简单的顺序结构程序。

3. 素质目标

（1）培养学生提出问题、分析问题和解决问题的能力。

（2）培养学生获取新知识、新技能、新方法的能力。

（3）培养学生耐心、细致、追求完美的基本素质。

3.1 菜单设计——算法与程序

 **任务导入**

王明和李晓去餐馆就餐，刚刚就座，服务员便送出一份菜单，让两位同学点餐。两

位同学点餐完成，然后讨论起来，能不能用现在学习的 C 语言来实现菜单的输出？如果能实现，可以怎么实现？最终两人决定以图 3-1 为参考设计程序。

图 3-1　菜单设计参考图

 任务分析

对于菜单的设计，最主要的问题就是如何确定菜单内容在屏幕上的显示位置，从而保证菜单的界面整齐、自然美观。因此控制字符的输出形式是本任务的重点内容。

 相关知识

在计算机的编程语言中，程序是完成某项特定任务的一组指令序列，或者说是实现某项算法的指令集合。想要让程序能够实现某项功能，必须先确定解决问题的方法和步骤，也就是算法。

3.1.1　算法

1. 算法的概念

为解决某一个问题而采取的方法和步骤称为算法，算法思维体现在生活的各个方面。当计划出行旅游时，就会有一系列的问题要考虑，选择什么交通工具？住什么宾馆？去哪些旅游景点？这些问题的答案取决于不同的条件，取决于步骤之间的逻辑顺序。对于同一个问题，算法不是唯一的，但有优劣之分。

著名的计算机科学家 Niklaus Wirth 获得图灵奖是因为他提出的著名公式"算法+数据结构=程序"。这个公式说明对于面向过程的程序设计语言，算法和数据结构是两大构成要素，同时也体现了算法的重要性。

2. 算法的特点

（1）有穷性：一个算法应当包含有限的步骤，并且每个步骤都应在有限的时间内完成。事实上有穷性往往是指"在合理的范围之内"的有限步骤。尽管有穷，如果超过了合理的限度，算法也是没有意义的。

（2）确定性：算法中的每个步骤都应该是确定的，不能产生歧义。在用自然语言描述算法时应该特别注意这一点。

（3）可行性：又称有效性，即算法中的每步都是切实可行的，并且能够得到确定的结果。

（4）0 个或多个输入：算法从外界获取的必要信息，可以有也可以没有。

（5）1 个或多个输出：算法必须有结果，没有任何输出的算法没有意义。

3．算法的表示

常用的算法表示方式有自然语言、流程图、N-S 图（又称盒图）、伪代码等。

1）用自然语言表示算法

自然语言就是人们日常使用的语言，可以是英语、汉语等。用自然语言表示算法的优点是通俗易懂，缺点是文字冗长、容易产生歧义。自然语言通常用于描述一些简单的问题，对于描述分支和循环算法缺乏直观性。

【例 3.1】用自然语言表示"输出 x 的绝对值"的算法。

自然语言：如果 x 的值大于或等于 0，就输出 x 的值；否则，输出-x 的值。

2）用流程图表示算法

流程图是描述算法的常用方法，其直观、形象、易于理解。流程图中使用不同形状的符号表示不同的操作，使用有向线段表示算法的执行方向。现在通用的流程图的符号是 ANSI（美国国家标准学会）制定的标准，具体介绍如表 3-1 所示。

表 3-1　流程图符号

符号	形状	名称	功能
▢	圆角矩形	起止框	表示算法的起始和结束，是任何流程图必不可少的。一般内部只写"开始"或"结束"
▱	平行四边形	输入、输出框	表示算法请求输入数据或输出某些结果。一般内部常常填写"输入……"或"打印/显示……"
▭	矩形	处理框	表示算法的某个处理步骤需要的表达式、公式等，一般内部常常填写赋值操作
◇	菱形	判断框	对一个给定的条件进行判断，它有 1 个或 2 个出口，成立时在出口处标明"是或 Y"，不成立时标明"否或 N"
↳ ↓	带箭头的（折）线段	流程线	表示流程进行的方向，箭头用来指明流程的先后顺序

【例 3.2】用流程图表示"输出 x 的绝对值"的算法，如图 3-2 所示。

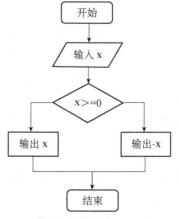

图 3-2　"输出 x 的绝对值"的算法流程图

3）用 N-S 图表示算法

1966 年 Barbara 和 Jacopini 提出了 3 种流程图的基本结构，即顺序结构、选择结构、循环结构。1973 年美国学者 I.Nassi 和 B.Shneiderman 提出了新的流程图形式——N-S 图，该流程图以两人姓氏的第一个字母命名。N-S 图没有流程线，其将所有算法写在一个矩形框内，在框内还可以包含其他的框。N-S 图的 3 种基本结构如图 3-3～图 3-5 所示。

图 3-3　顺序结构的 N-S 图

图 3-4　选择结构的 N-S 图

图 3-5　循环结构的 N-S 图

【例 3.3】用 N-S 图表示"输出 x 的绝对值"的算法，如图 3-6 所示。

4）用伪代码表示算法

伪代码是介于自然语言和计算机语言之间的文字和符号。伪代码不使用图形符号，并且书写方便，格式紧凑，便于向计算机语言过渡，是常用的算法设计方法。

【例 3.4】用伪代码表示"输出 x 的绝对值"的算法，如图 3-7 所示。

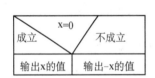

图 3-6　"输出 x 的绝对值"算法的 N-S 图

图 3-7　"输出 x 的绝对值"算法的伪代码

3.1.2　结构化程序设计及原则

1. 结构化程序设计

结构化程序设计（Structured Programming）这一概念最早是由 DijKstra 在 1965 年提出的，是软件发展中重要的里程碑。结构化程序设计主要强调的是程序的易读性，它的主要观点是一个程序的任何逻辑问题都可由顺序、选择、循环 3 种基本程序结构组成。结构化程序设计的特点是结构化程序中的任意基本结构都具有唯一的入口和唯一的出口，并且程序不出现死循环。此外，程序的静态形式与动态执行流程之间具有良好的对应关系。因此，按照结构化程序设计的观点，任何算法都可以是 3 种基本程序结构的组合。

1）顺序结构

顺序结构是最简单的一种程序结构，算法的实现过程按照相应的步骤依次执行。

2）选择结构

选择结构又称分支结构，在结构中给出判断条件，然后根据判断结果从两种或多种途径中选择其中的一条执行。

3）循环结构

循环结构又称重复结构，其含义是当循环条件成立时，反复执行某些语句，直到循环条件不成立为止。

2. 结构化程序设计原则

1）自顶向下

程序设计时，先考虑总体，然后考虑细节；先考虑全局目标，然后考虑局部目标；先从最上层的总目标开始设计，然后逐步使问题具体化。

2）逐步细化

对于复杂问题，应设计一些子目标作为过渡，将复杂问题逐步细化。

3）模块化

一个复杂问题，肯定是由若干个简单问题构成的。模块化是把程序要解决的总目标分解为子目标，再进一步分解为具体的小目标，每个小目标被称为一个模块。

4）限制使用 goto 语句

goto 语句是无条件跳转语句，能够使程序跳转到任何具有相应标号的语句，并从该语句继续执行。goto 语句的使用会使程序的结构性和可读性变差，限制 goto 语句的使用，可以使程序易于理解、易于维护和易于进行正确性说明。

3. 结构化程序设计的优缺点

1）优点

由于模块之间相互独立，设计其中一个模块时，不会受到其他模块的影响，因此可将复杂的问题简化为一系列简单模块。

模块的独立性还为扩充已有系统、建立新系统带来很大的便利，因此可以充分利用现有的模块做积木式的扩展。

2）缺点

由于用户要求难以在系统分析阶段准确定义，因此系统在交付使用时会产生许多问题。同时，系统由开发过程中每个阶段的成果进行控制，不能适应事物变化的要求。

3.1.3　格式化输出函数

输入和输出以计算机为主体，从计算机向外部设备（显示器、打印机等）输出数据为"输出"，从输入设备（键盘、光盘等）向计算机输入数据为"输入"。

在 C 语言中，没有输入/输出语句，输入/输出通过函数实现。C 语言中的标准函数库提供了多种输入/输出函数，如 printf()函数、scanf()函数等。此外，用户可以不使用系统提供的输入/输出函数，可以单独编写输入/输出函数，但一般不会自己编写。

在使用 C 语言的库函数时，要用预编译命令#include 将有关的"头文件"包含到用户的源文件中。如 scanf()函数属于标准的输入/输出库函数，对应的头文件是 stdio.h，如果要使用 scanf()函数，就需要在程序的开头添加#include<stdio.h>语句；fabs()函数属于数学库函数，对应的头文件是 math.h，如果要使用 fabs()函数计算绝对值，就需要在程序的开头添加#include<math.h>语句。

1. 格式化输出函数——printf()

功能：按照用户指定的格式，向系统的输出设备（终端）输出若干个任意类型的数据。

一般形式为：

```
printf(格式控制字符串，输出表列);
```

printf()函数是一个标准的库函数，它的函数原型在 stdio.h 头文件中，该函数是一个特例，在使用时可以不包含 stdio.头文件，但一般开发时都会包含这个头文件。

（1）形式 1：

```
printf("字符串");
```

功能：按原样输出字符串。

【例 3.5】如下语句是按原样输出字符串。

```
printf("hello world!");
```

输出：`hello world!`

（2）形式 2：

```
printf(格式控制字符串，输出列表);
```

功能：按格式控制字符串中的格式依次输出输出列表中的各项内容。

【例 3.6】如下程序段是按格式输出字符串。

```
int r=3,
float s;
printf("r=%d,s=%f\n",r,3.14*r*r);
```

输出：`r=3,s=28.260000`。其中，"r=,s=\n" 是按原样输出字符；用格式控制符 "%d" 输出整数 r 的值 3；用格式控制符 "%f"（格式要求输出 6 位小数）输出整数 3.14*3*3 的值 28.260000。

2. 有关说明

（1）格式控制字符串是用双引号引起来的字符串，也称转换控制字符串，它用于指定输出数据项的类型和格式。它包括格式控制部分和原样输出部分。下面对格式控制部分进行说明。

格式控制部分：由 "%" 和格式字符组成，用于说明输出数据的类型、形式、长度、小数位数等，printf()函数中格式控制符的含义见表 3-2。

表 3-2　printf()函数中格式控制符的含义

格式控制符	含义	对应的表达式数据类型
%d 或 %i	以十进制形式输出一个整型数据	有符号整数
%x 或 %X	以十六进制格式输出一个无符号整型数据	无符号整数
%o	以八进制格式输出一个无符号整型数据	无符号整数
%u	以十进制格式输出一个无符号整型数据	无符号整数
%c	输出一个字符型数据	字符型
%s	输出一个字符串	字符串

续表

格式控制符	含义	对应的表达式数据类型
%f	以十进制小数形式输出一个浮点型数据	浮点型
%e 或 %E	以指数形式输出一个浮点型数据	浮点型
%g	自动选择合适的形式输出数据	浮点型
%%	输出%	

（2）在使用格式控制符的时候，经常在"%"和格式字符之间加入格式转换说明符，printf()函数中格式转换说明符的含义见表 3-3。

表 3-3　printf()函数中格式转换说明符的含义

格式转换说明符	含义	举例

减号（-）	表示输出的数据左对齐，若无减号，则右对齐	int a=123,b=1234;
		printf("%4d,%3d",a,b);
		printf("%-5d\n",a);
		printf("%5d\n",a);
		printf("%05d\n",a);
		输出：123,1234
		123
		 123
		00123

数据 0	对于数值型数据，右对齐时，若实际宽度小于给定的宽度，则在右边的空位补 0	
正整数 m（数据宽度）	无符号整数，表示输出整数的最小宽度。若实际宽度大于 m，则按照实际宽度输出。若实际宽度小于 m，则默认在左边补空格，补齐长度位	

正整数 n（精度）	若是实数，则表示输出 n 位小数；若是字符串，则表示截取的字符串的长度	printf("%.8f\n",10.123456789);
		printf("%.8f\n",10.12345);
		printf("%.8s\n","abcdefghifk");
		输出：10.12345679
		10.12345000
		abcdefgh

字母 l	输出长整型数据	

（3）使用 printf() 函数的注意问题。

● 除 X、E、G 外，其他的格式字符必须用小写字母。如"%d"不能写成"%D"。

● 可以在格式控制字符串中包含转义字符，如"…\n…"。

● 若想输出字符"%"，则格式控制符应为"%%%"。

任务实施

1. 任务描述

（1）实训任务：设计菜单。

（2）实训目的：了解算法与程序的区别；理解结构化程序设计的优缺点；掌握 C 语言中格式化输出函数——printf( )函数的使用方法。

（3）实训内容：编写一个程序，从屏幕上输出菜单。输出效果可参考图 3-8（只参考文字版式）。

图 3-8　菜单设计参考图

2. 任务实施

（1）建议分组教学，4～6 人为一组，并选出组长。

（2）给出实施代码。

3. 任务成果

（1）请给出个人运行效果。

（2）请总结任务实施过程中的重点、难点问题，以及收获。

 考核评价

1. 主要评价标准

每次任务评价分数的总分为 10 分。

（1）任务完成及时。

（2）代码书写规范，程序运行效果正常。

（3）实施报告内容真实可靠，条理清晰，书写认真。

（4）没完成任务，根据完成度进行扣分，故意抄袭实施报告扣 5 分。

2. 跟踪练习

请用 C 语言编写程序，为天扬婚庆公司制作如图 3-9 所示的点歌单。

图 3-9　点歌单

3.2　简易计算器界面的菜单设计

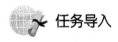 任务导入

一天，王明对李晓说："我们能不能用 C 语言编写程序设计一个简易计算器的菜单界面呀？"说完两个人便开始研究如何实现，最终两人确定实现的效果如下所示。

```
************************
欢迎使用简易计算器
设计人：王明、李晓
************************
1.加法计算器
2.减法计算器
3.乘法计算器
```

```
           4.除法计算器
           0.退出
     *****************************
     请输入您选择（0~4）:1
          您的选择是：1
```

 任务分析

良好的人机交互界面是评价软件好坏的一个重要指标，在设计简易计算器的菜单界面时必须考虑这一点。界面的主要功能是通过键盘输入整数确定执行哪种运算，同时对选择进行反馈。经过分析得出，本任务除需要使用上个任务中关于数据输出的知识外，还需要使用关于数据输入的知识。

 相关知识

输出是每个程序必须包含的一部分，没有输出的程序是没有意义的。在任务 3.1 中讲解了格式化输出函数，本任务将讲解格式化输入函数。在 C 语言中，输入数据经常用到的函数是 scanf()函数。它是一个标准的库函数，函数原型在头文件 stdio.h 中，与 printf()函数相同，允许在使用 scanf()函数时不包含 stdio.h 头文件，但一般开发时都会包含这个头文件。

3.2.1 格式化输入函数

1. 格式化输入函数 scanf()

功能：按用户指定的格式将从键盘上输入的数据存储到指定的地址中。

一般形式：

```
scanf(格式控制字符串，地址列表);
```

2. 注意问题

（1）scanf()函数中格式控制字符串的含义与 printf() 函数类似，用于指定输入数据项的类型和格式，不能显示非格式字符串，也就是不能显示提示字符串。

（2）地址列表是由若干个地址组成的列表，可以是变量的地址（&变量名）或字符串的首地址，其中"&"为地址运算符，如"&a"表示变量 a 的地址。

（3）注意区分变量的值和变量的地址这两个概念。变量的地址是 C 语言编译系统分配给变量的存储地址，变量的值是通过赋值语句给变量指定的值。变量的值存储在系统分配的变量的地址中。

【例 3.7】用 scanf() 函数输入数据，程序如下。

```
int main( )
{ int a,b,c;
  printf("请输入a,b,c三个变量的值,默认以空格或回车分隔不同的变量：");
  scanf("%d%d%d",&a, &b, &c);
  printf("a=%d,b=%d,c=%d\n",a,b,c);
  printf("请输入a,b,c三个变量的值,可以指定用符号分隔不同的变量：");
  scanf("%d,%d, %d",&a, &b, &c);
```

```
    printf("a=%d,b=%d,c=%d\n",a,b,c);
    return 0;
}
```

例 3.7 程序的运行结果如图 3-10 所示。

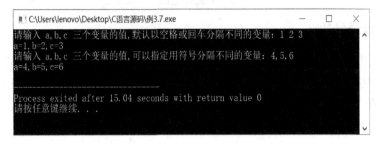

图 3-10　例 3.7 程序的运行结果

本例中由于 scanf()函数不能显示提示字符串，因此使用 printf()函数输出提示性语句。scanf() 函数中的 "%d%d%d" 表示要求输入 3 个十进制整数。输入数据时，在两个数据之间可以用一个或多个空格分隔，也可以用回车键、跳格键（Tab）分隔，还可以用程序中指定的符号分隔（这种方法不建议使用，容易造成输入的错误）。

3. 格式控制字符串的说明

与 printf() 函数中格式控制符的说明相似，scanf()函数中的格式控制符也由 "%" 和格式字符组成，中间可以插入附加字符。scanf()函数中格式控制符的含义见表 3-4。

表 3-4　scanf()函数中格式控制符的含义

格式控制字符串	含义
%d	输入十进制整数
%x 或 %X	输入十六进制整数
%o	输入八进制整数
%u	输入无符号十进制整数
%c	输入一个字符型数据
%s	输入一个字符串
%f	以十进制小数形式输入一个浮点型数据
%e 或 %E	以指数形式输入一个浮点型数据

说明：

（1）可以指定输入数据所占的列数，系统将自动截取所需的数据。

【例 3.8】以下程序段是指定输入数据所占的列数。

```
int i1,i2;
char c;
scanf("%3d%3c%3d",&i1,&c,&i2);
```

输入 123---456 后，输出 i1=123，i2=456，c=---。

（2）如果 "%" 后有 "*"（附加格式说明符），就表示跳过它所指定的列，这些列的值不赋给任何变量。在不需要一批数据中的某些数据时，可以用此方法 "跳过" 它们。

【例 3.9】输入 123456789 后，让 i1=123，i2=78，跳过 456。程序如下。

```
scanf("%3d%*3c%2d",&i1,&i2);
```

（3）scanf()函数可以规定数据的宽度，但不可以规定数据的精度。

例如，scanf("%7.2f", &a)是不合法的。通过这种形式输入 1234567 后并不能得到 a=12345.67。

（4）在用 "%c" 格式输入字符时，空格字符和转义字符都将作为有效字符输入。"%c" 只要求读入一个字符，后面不需要用空格作为两个字符的间隔。

（5）在输入数据时，遇到以下几种情况就认为数据输入结束：

● 空格键或回车键或跳格（Tab）键。

● 按指定的宽度结束或遇到非法输入。

【例 3.10】有以下程序段，输入时误把 "1234a1230.26" 输入为 "1234a123o.26"，输出结果是什么？

```
int main( )
{ float a,c;
  char b;
  scanf("%f%c%f",&a,&b,&c);
  printf("a=%f,b=%c,c=%f\n",a,b,c);
  return 0;
}
```

例 3.10 程序的运行结果如图 3-11 所示。因为输入时误把 0 输入为字符 o，所以输出 c=123.000000，得不到 c= 1230.26。

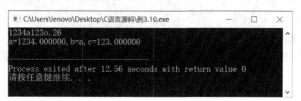

图 3-11　例 3.10 程序的运行结果

3.2.2　格式化输入函数举例

【例 3.11】使用如下程序进行输入和输出，如果想得到 a=1，b=2，c1=x，c2=X，f1=1.20，f2=3.40 的输出，在键盘上应该如何输入？

```
#include<stdio.h>
int main()
{    int a,b;
     char c1,c2;
     float f1,f2;
     printf("请输入a,b,c1,c2,f1,f2的值: ");
     scanf("%d%d",&a,&b);
     scanf("%c%c",&c1,&c2);
     scanf("%f%f",&f1,&f2);
     printf("a=%d,b=%d,c1=%c,c2=%c,f1=%f,f2=%f",a,b,c1,c2,f1,f2);
     return 0;
}
```

例 3.11 程序的运行结果如图 3-12 所示。

图 3-12　例 3.11 程序的运行结果

 任务实施

1. 任务描述

（1）实训任务：设计一个简易计算器的菜单界面。

（2）实训目的：理解结构化程序设计的优缺点；掌握格式化输入函数 scanf() 的使用方法。

（3）实训内容：编写一个程序，设计一个简易计算器的菜单界面。输出效果可参考图 3-13（只参考文字版式）。

图 3-13　简易计算器界面设计参考图

2. 任务实施

（1）建议分组教学，4～6 人为一组，并选出组长。

（2）请给出实施代码。

3. 任务成果

（1）请给出个人运行结果。

（2）请总结任务实施过程中的重点、难点问题，以及收获。

 考核评价

1. 主要评价标准

每次任务评价分数的总分为 10 分。

（1）任务完成及时。

（2）代码书写规范，程序运行效果正常。

（3）实施报告内容真实可靠，条理清晰，书写认真。

（4）没完成任务，根据完成度进行扣分，故意抄袭实施报告扣 5 分。

2. 跟踪练习

体重指数（BMI）是一个人体重与身高的比值，通过它可以了解身体的健康状况。本练习要实现通过输入身高与体重，计算个人体重指数。要求先显示有关体重指数的信息，然后输入个人数据，最后确认个人数据录入情况并计算出 BMI，如图 3-14 所示。

图 3-14　BMI 计算器参考图

3.3　大写字母转换为小写字母

 **任务导入**

在 C 语言程序的编写过程中，一定要注意区分大小写。王明发现 26 个英文小写字母在 ASCII 码表中是连续的，26 个英文大写字母在 ASCII 码表中也是连续的，并且对应的大小写字母的 ASCII 码的值均相差 32。王明根据此规律使用 printf()函数和 scanf()函数编写了将小写字母转换为大写字母的程序，李晓看到后，觉得非常有趣，便尝试使用字符的输入输出函数将大写字母转换为小写字母。请你帮李晓编写一个 C 语言程序，模拟转换过程。

 任务分析

对于大小写字母转换任务，分析可知，首先要将输入的一个大写字母存储到一个变量中，然后根据大写字母和小写字母 ASCII 码的值相差 32 的规律，将其转换为小写字母，最后进行输出。前面学习的 printf()函数和 scanf()函数虽然可以完成此任务，但任务中要求使用专门的字符输入输出函数，因此需要学习字符输入输出函数的使用。

 相关知识

由于 C 语言的编译系统与函数库是单独设计的，因此不同计算机系统提供的函数数量、名称、功能不完全相同。但有些通用的函数各种计算机系统都提供，这些通用的函数称为标准函数。

C 语言的函数库中有一批"标准的输入/输出函数"，它们是以标准的输入/输出设备（一般为终端）为输入/输出对象的。除格式化输出函数 printf() 和格式化输入函数 scanf()外，还有 putchar()（输出字符函数）、getchar()（输入字符函数）、puts()（输出字符串函数）和 gets()（输入字符串函数）专门用于字符的输入与输出。这 4 个函数属于"标准的输入/输出函数"，在使用的时候必须在程序（或文件）的开头部分加上编译预处理命令，即#include <stdio.h>。

3.3.1 字符输出函数

1. 字符输出函数——putchar()

功能：向终端输出一个字符，且一次只能输出一个字符。printf() 函数和%c 可以完成 putchar()函数的功能。

一般形式：

```
putchar(ch);
```

小提示：ch 可以是一个字符常量，也可以是一个转义字符。

【例 3.12】输出单个字符，说明 putchar()函数的格式和作用。程序如下。

```
#include "stdio.h"                              /*编译预处理命令：文件包含*/
int main( )
{
  char ch1='N', ch2='E', ch3='W';
  putchar(ch1); putchar(ch2); putchar(ch3);    /*输出*/
  putchar('\n');
  putchar(ch1); putchar('\n');                 /*输出 ch1 的值，并换行*/
  putchar('E'); putchar('\n');                 /*输出字符'E'，并换行*/
  putchar(ch3); putchar('\n');
  return 0;
}
```

例 3.12 程序的运行结果如图 3-15 所示。

图 3-15　例 3.12 程序的运行结果

2. 字符串输出函数——puts()

功能：将字符串或字符数组中存放的字符串输出到显示器上。printf()函数和%s 可以完成 puts()函数的功能。

一般形式：

```
puts(字符串);
```

【例 3.13】说明 puts()函数的格式和作用。程序如下。

```
puts("China\nBeijing\n");
```

例 3.13 程序的运行结果如图 3-16 所示。

图 3-16　例 3.13 程序的运行结果

3.3.2　字符输入函数

1. 单个字符输入函数——getchar()

功能：从系统隐含的输入设备（如键盘）输入一个字符，并且只能用于单个字符的输入。scanf()函数和%c 可以完成 getchar()函数的功能。

一般格式：

```
getchar();
```

【例 3.14】说明 getchar()函数的格式和作用。程序如下。

```
#include "stdio.h"                 /*文件包含*/
int main( )
{ char ch;
printf("Please input two character: ");
ch=getchar( );                    /*输入一个字符并赋给ch */
putchar(ch);putchar('\n');
putchar(getchar( ));              /*输入一个字符并输出*/
putchar('\n');
return 0;
}
```

例 3.14 程序的运行结果如图 3-17 所示。

图 3-17　例 3.14 程序的运行结果

2. 字符串输入函数——gets()

功能：从输入缓冲区中读取一个字符串存储到字符指针变量 str 所指向的内存空

间。scanf()函数和%s 可以完成 gets()函数的功能。

一般格式：

```
gets(char *str);
```

一般格式中的 str 可以是一个字符指针变量名，也可以是一个字符数组名。数组和指针后面再详细讲解。

任务实施

1. 任务描述

（1）实训任务：编写程序，实现将输入的大写字母转换为小写字母。

（2）实训目的：理解结构化程序设计的优缺点；掌握字符输出函数 putchar()、字符串输出函数 puts()的使用方法；掌握单个字符输入函数 getchar()、字符串输入函数 gets()的使用方法。

（3）实训内容：编写一个程序，实现输入大写字母，然后转换为小写字母输出。

2. 任务实施

（1）建议分组教学，4～6 人为一组，并选出组长。

（2）给出实施代码。

3. 任务成果

（1）给出个人运行结果。

（2）请总结任务实施过程中的重点、难点问题，以及收获。

考核评价

1. 主要评价标准

每次任务评价分数的总分为 10 分。

（1）任务完成及时。

（2）代码书写规范，程序运行效果正常。

（3）实施报告内容真实可靠，条理清晰，书写认真。

（4）没完成任务，根据完成度进行扣分，故意抄袭实施报告扣 5 分。

2. 跟踪练习

编写一个程序，练习使用输入输出函数实现输入一个字符，输出 ASCII 码比它大 5 的字符。

项目小结

本项目首先介绍了 C 语言程序的算法和结构化程序设计的基本概念，然后重点讲解了 输入/输出函数 printf()、scanf()、putchar()、puts()、getchar()、gets()的用法。

扫码查看任务示例源码

　　输入/输出操作是程序最基本的操作，但 C 语言中的输入/输出操作比较繁杂，应用不对就得不到预期的效果。因此初学者在学习过程中应重点掌握一些常用的方法，遇到问题时可以查阅相关资料，随着不断地练习，慢慢便会掌握，不要急于求成。

同步训练

一、程序分析题

1. 以下程序的输出结果是＿＿＿＿。

```c
#include "stdio.h"
void main( )
 {
    char a;
    a='H'-'A'+'0';
    printf("%c\n",a);
 }
```

2. 以下程序的输出结果是＿＿＿＿。

```c
#include "stdio.h"
int main( )
{
  float pi=3.1415927;
  printf("%f,%.4f,%7.3f",pi,pi,pi);
  return 0;
}
```

二、编程题

1. 用 getchar()函数读入一个字符，输出读入字符的前一个字符和后一个字符。

2. 已知华氏温度，求摄氏温度。要求用 scanf()函数输入华氏温度，输出摄氏温度时要有文字说明，且取小数点后两位数字。

3. 设圆的半径 r =1.5，圆柱高 h =3，求圆周长、圆面积、圆体积。用 scanf() 函数输入数据，编程计算结果，保留两位小数。

项目4　选择结构程序设计

在生活中，我们时常需要对一些情况做出选择，小到生活琐事，大到人生道路。如遇到十字路口，我们会根据目的地的方向，选择向左走还是向右走；周末休息时我们会根据天气情况，选择外出郊游还是留在家里。同样，编写程序解决问题的时候，也需要根据某些条件来选择执行特定的操作，此时就要用到选择结构。在 C 语言中，选择结构又称分支结构，是结构化程序设计的 3 种基本结构之一。

在大多数结构化程序设计中都会遇到选择问题，因此熟练使用选择结构进行程序设计是必须具备的能力。本项目通过 4 个典型任务来讲解选择结构程序设计的方法。

学习目标

1. 知识目标

（1）掌握关系运算符、逻辑运算符和条件运算符的运算规则。

（2）掌握 if 语句的 3 种基本形式，了解 if 语句的嵌套方法。

（3）掌握 switch 语句的使用方法。

2. 能力目标

（1）能够正确使用关系表达式、逻辑表达式和条件表达式表达实际问题。

（2）能够使用 C 语言进行选择结构程序设计，包括 if 语句和 switch 语句。

（3）能够进行程序的简单调试。

3. 素质目标

（1）培养学生提出问题、分析问题和解决问题的能力。

（2）培养学生独立思考的能力。

4.1　身高预测——if 语句的简单运用

 任务导入

拥有健康快乐的宝宝是父母们的心愿，那么在宝宝健康快乐的同时，父母还比较关心孩子的身高。据有关生理卫生知识和数理统计分析可知，小孩成年后的身高与父母的身高、自身的性别、饮食习惯和体育锻炼情况等密切相关。关于身高的预测也有多种较成熟的计算公式。

王明和李晓查阅了多种身高预测公式后，决定使用以下公式来编写程序实现身高的预测。

设父亲的身高为 fheight，母亲的身高为 mheight，身高预测公式如下：

女性成年后的身高=（fheight×0.923+mheight）÷2（cm）

男性成年后的身高=（fheight+mheight）×0.54（cm）

此外，如果喜爱体育锻炼，那么身高可增加 2.3%；如果有良好的卫生饮食习惯，那么身高可增加 1.5%。

 任务分析

根据身高预测公式及其他影响因素编写预测身高的程序：

输出：最终的预测身高。

输入：父亲和母亲的身高、被预测者的性别、其他的影响因素。

判断条件：性别的判断、是否喜欢体育锻炼的判断、是否有良好饮食习惯的判断。

处理过程：利用给定的公式，根据不同的判断条件对身高进行预测。

最终程序的实现，需要根据不同的判断条件进行不同的处理，从而得到身高的预测结果。因此判断条件的描述及不同分支的实现是编写程序的关键。

 相关知识

在程序设计过程中，如果执行的程序需要通过条件判断来选择执行的流程，那么这种程序的结构称为选择结构。

4.1.1　选择结构概述

在 C 语言中，如何实现选择结构，需要注意两个问题：

问题 1：如何描述判断条件。

问题 2：用哪种语句实现选择结构。

在自然语言中，遇到选择判断时，通常会用"如果……就……"这样的句子来表达选择关系。同样，在 C 语言中也有类似的语句，那就是 if 语句，if 语句分为 3 种结构。

1. 单分支结构

单分支结构当条件为真时，执行语句，如图 4-1 所示。

2. 双分支结构

双分支结构当条件为真时，执行语句 1；当条件为假时，执行语句 2，如图 4-2 所示。

3. 多分支结构

多分支结构当条件 1 为真时，执行语句 1；当条件 2 为真时，执行语句 2；以此类推，当条件 n 为真时，执行语句 n；当给定的都为假时，执行语句 n+1，即在多个条件中选择一个去执行，如图 4-3 所示。

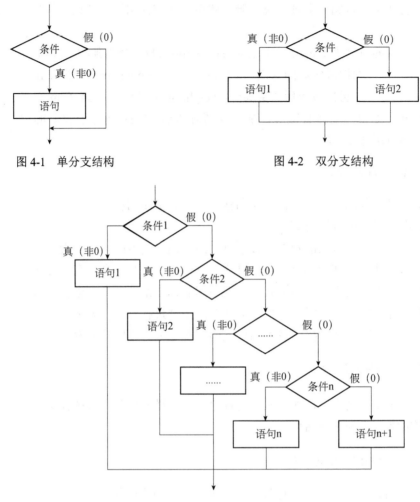

图 4-1 单分支结构   图 4-2 双分支结构

图 4-3 多分支结构

4. 构造选择结构的基本步骤和方法

大多数的程序中都包含选择结构，一般来说构造选择结构的步骤如下。

（1）判断待解决的问题是否是选择性问题。

（2）若是选择性问题，则判断该问题可以用哪种选择结构类型解决，是单分支、双分支还是多分支。

（3）若是选择性问题，则确定选择结构、选择条件、执行过程和结束过程。

（4）用 C 语言描述。

4.1.2 条件的描述

1. 条件判断表达式

在进行程序设计时，经常需要判断某一个"条件"是否成立，通常把这个"条件"

称为条件判断表达式。C 语言中的条件判断表达式可以是任意表达式，但通常是关系表达式或逻辑表达式。

2. 关系运算符与关系表达式

1）关系运算符

在 C 语言中有以下关系运算符：<、<=、>、>=、==、!=，即小于、小于或等于、大于、大于或等于、等于、不等于。

关系运算符都是双目运算符，其结合性均为左结合。

关系运算符的优先级低于算术运算符，高于赋值运算符。在 6 个关系运算符中，<、<=、>、>=的优先级相同，且高于==和!=，==和!=的优先级相同。

【例 4.1】常用的关系运算符。

```
c>a+b      //等价于c>(a+b)，关系运算符的优先级低于算术运算符
a>b==c     //等价于(a>b)==c，">"的优先级高于"=="
a=b>c      //等价于a=(b>c)，关系运算符的优先级高于赋值运算符
```

2）关系表达式

用关系运算符将两个表达式连接起来所构成的表达式，称为关系表达式。关系表达式的一般形式为：

表达式 关系运算符 表达式

【例 4.2】a+b>c-d、x>3/2、'a'+1<c、-i-5*j==k+1 都是合法的关系表达式。

由于表达式也可以是关系表达式，因此也允许出现嵌套的情况。如 a>(b>c)、a!=(c==d)。

3）关系表达式的值

关系表达式的值有两个，分别是 1 和 0。当关系表达式成立时，其值为 1，当关系表达式不成立时，其值为 0。如 5>0 成立，即为 1。

【例 4.3】设 a=3，b=2，c=1，则关系表达式 a>b 的值为 1，关系表达式 b+c<a 的值为 0。

注意：两个字符进行比较是将两个字符型数据 ASCII 码的值进行比较。

【例 4.4】若 char ch1='a'，ch2='A'，则表达式 ch1>ch2 的值按字符对应的 ASCII 码的值进行比较，结果为 0。

3. 逻辑运算符与逻辑表达式

1）逻辑运算符

在 C 语言中，有 3 种逻辑运算符&&、||、!，分别称为与运算、或运算、非运算。

&&和||为双目运算符，具有左结合性。!为单目运算符，具有右结合性。逻辑运算符和其他运算符的优先级关系如图 4-4 所示。

```
！（非）
算术运算符
关系运算符
&&和||
赋值运算符
```

图 4-4　逻辑运算符和其他运算符的优先级关系

按照运算符的优先顺序可以得出：

```
a>b && c>d          //等价于 (a>b) && (c>d)
!b==c||d<a          //等价于 ((!b)==c)||(d<a)
a+b>c&&x+y<b        //等价于 ((a+b)>c)&&((x+y)<b)
```

2）逻辑表达式

逻辑表达式的一般形式为：

```
表达式　逻辑运算符　表达式
```

由于表达式也可以是逻辑表达式，因此也允许出现嵌套的情况。例如，(a&&b)&&c，根据逻辑运算符的左结合性，该式也可以写为 a&&b&&c。

【例 4.5】能正确表示 a≥10 或 a≤0 的关系表达式是_____。

A. a>=10 or a<=0　　B. a>=10|a<=0　　C. a>=10||a<=0　　D. a≥10||a≤0

做该题目的时候应注意数学表达式和 C 语言中表达式的区别，该题目的答案为 C。

3）逻辑运算的值

逻辑运算真值表如表 4-1 所示。

表 4-1　逻辑运算真值表

A	B	A&&B	A||B	!A
0	0	0	0	1
0	非 0	0	1	1
非 0	0	0	1	0
非 0	非 0	1	1	0

【例 4.6】计算下列表达式的值。

```
5>0 && 4>2    //由于5>0为真，4>2也为真，因此相与的结果为真
5>0 || 5>8    //由于5>0为真，因此相或的结果为真
!(5>0)        //由于5>0为真，因此取反的结果为假
```

注意： C 语言编译给出逻辑运算的值时，用 1 代表真，用 0 代表假。但反过来判断一个量是真还是假时，用 0 代表假，用非 0 代表真。

【例 4.7】设有定义 int a=1，b=2，c=3，d=4，m=2，n=2；则执行表达式(m=a>b)&&(n=c>d)后，n 的值为_____。

A. 1　　　　　　　　B. 2　　　　　　　　C. 3　　　　　　　　D. 0

此题注意赋值运算和与运算，答案为 B。

4.1.3　单分支 if 语句

1. 单分支 if 语句的语法格式

```
if（表达式）      //条件判断
语句              //满足条件执行的操作
```

2. 单分支 if 语句的执行过程

单分支 if 语句的流程图如图 4-5 所示，当表达式的值为真时，执行语句；当表达式的值为假时，跳过语句，执行后续语句。

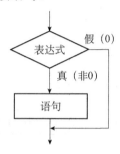

图 4-5　单分支 if 语句的流程图

【例 4.8】输入一个数 x，若 x 大于 10，则输出 y 的值，y=x+10。程序如下。

```c
#include <stdio.h>
int main( )
{
    int x,y;
    printf("\n input a integer to x:");
    scanf("%d",&x);
    if(x>10)
      {
        y=x+10;
        printf("x=%d, y=%d",x,y);
      }
    return 0;
}
```

3. 注意问题

（1）if 后面的表达式一定要有圆括号。

（2）表达式可以是任意类型的合法的 C 语言表达式，但计算结果必须为整型、字符型和浮点型之一。

（3）语句部分如果是单条语句，可以不加大括号，如果是多条语句，就一定要加大括号，构成复合语句。

4. 程序流程图

通过身高预测的任务练习单分支 if 语句，考虑条件成立时的情况，身高预测流程图如图 4-6 所示。

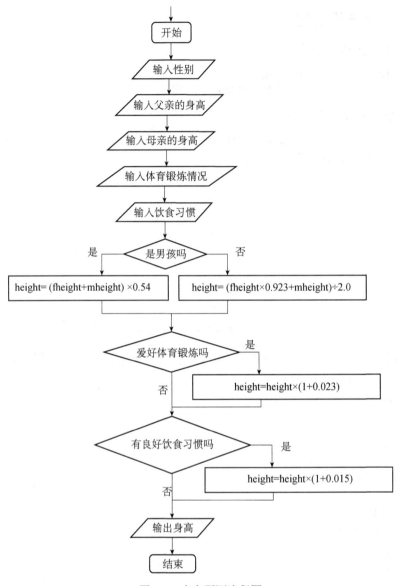

图 4-6　身高预测流程图

 **任务实施**

1. 任务描述

（1）实训任务：编写程序进行身高预测。

（2）实训目的：掌握 C 语言中的 3 种基本的程序结构；加深对选择结构的理解；熟练使用关系运算符与关系表达式；熟练使用逻辑运算符与逻辑表达式；熟练使用单分支 if 语句。

（3）实训内容：使用以下公式来编写程序实现身高的预测。

设父亲的身高为 fheight，母亲的身高为 mheight，身高预测公式如下：

女性成年后的身高=（fheight×0.923+mheight）÷2（cm）

男性成年后的身高=（fheight+mheight）×0.54（cm）

此外，如果喜爱体育锻炼，那么身高可增加 2.3%；如果有良好的卫生饮食习惯，那么身高可增加 1.5%。

2. 任务实施

（1）建议分组教学，4～6 人为一组，并选出组长。

（2）给出实施代码。

3. 任务成果

（1）给出个人运行结果。

（2）请总结任务实施过程中的重点、难点问题，以及收获。

 考核评价

1. 主要评价标准

每次任务评价分数的总分为 10 分。

（1）任务完成及时。

（2）代码书写规范，程序运行效果正常。

（3）实施报告内容真实可靠，条理清晰，书写认真。

（4）没完成任务，根据完成度进行扣分，故意抄袭实施报告扣 5 分。

2. 跟踪练习

编写程序，输入两个实数，输出这两个实数中的较大数。

方法 1：用两个简单 if 语句来实现。

（1）定义两个实型变量 a 和 b 用于存储两个实数。

（2）如果 a 大于 b，输出 a。

（3）如果 a 小于或等于 b，就输出 b。

方法 2：借助第三个变量来实现。

（1）定义两个实型变量 a 和 b 用于存储两个实数。

（2）定义一个整型变量 max 始终存放最大值，且初始值为 a。

（3）使用 if 语句进行判断，如果 b>max，就把 b 赋给 max。

（4）输出 max，即两个数中的较大数。

4.2　判断星期天我们能否出游——if…else 语句的运用

 **任务导入**

周三晚上，王明和李晓两位同学计划周末出去玩。王明说："咱们周末去公园玩吧？"李晓回答道："可以没问题，就是不知道周末天气怎么样。如果天气好我们就

去公园，如果天气不好，我们就去体育馆打羽毛球，行不行呀？"王明欣然同意。请根据王明和李晓的决定，用 C 语言中的选择语句编写程序实现。

 任务分析

本任务可设置一个变量 weather 代表天气的情况，根据 weather 的值判断去做什么。若 weather 的值非 0，则为真，代表天气晴朗；若 weather 的值为 0，则为假，代表天气不好。

输入：weather 值。

输出：提示语句、去做什么。

判断条件：weather，0 代表假，非 0 代表真。

过程：根据不同的天气情况，给 weather 赋值，再根据 weather 的值判断星期天做什么。

 相关知识

本任务讲述 if 语句的双分支结构。

4.2.1 双分支 if…else 语句

1. 双分支 if…else 语句的一般格式

```
if(表达式)
  {语句组 1;}
else
{语句组 2;}
```

注意：

（1）if 语句中的表达式必须用圆括号括起来。

（2）else 子句是 if 语句的一部分，必须与 if 配对使用，不能单独使用。

（3）当只有一个语句组时，也可以不使用复合语句形式。

2. 双分支 if…else 语句的执行过程

该语句的功能是：当表达式的值"非 0"（判定为逻辑"真"）时，执行语句组 1；否则，执行语句组 2。

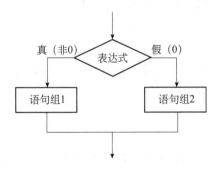

图 4-7　单分支 if 语句的流程图

【例 4.9】判断一个整数是奇数还是偶数，并输出结果。程序如下。

```c
#include "stdio.h"
int main( )
{
    int x;
    printf("\n please input a integer to x:");
    scanf("%d",&x);
    if(x%2==0)
        printf("\n %d is a even number!",x);
    else
        printf("\n %d is a odd number!",x);
    return 0;
}
```

4.2.2　条件运算符（?:）

条件运算符有时候也称三元运算符，因为它是唯一需要 3 个操作数的运算符，有时候可以与 if…else 语句相互替代。

1. 条件运算符的格式

条件? 表达式1 ：表达式2

2. 条件运算符的运算

条件运算操作首先会判断是否满足条件，然后根据判断结果执行相应的表达式。如果满足条件（条件计算结果为真），就执行表达式 1，并且表达式 1 的执行结果就是整个表达式的结果。如果不满足条件（条件计算结果为假），就执行表达式 2，并且表达式 2 的执行结果就是整个表达式的结果。

3. 条件运算符的优先级

条件运算符的优先级较低，只有赋值运算符和逗号运算符的优先级比它低。如语句"distance = x < y ? y−x : x−y;"不需要括号。

 任务实施

1. 任务描述

（1）实训任务：用 if…else 语句编写程序判断星期天我们能否出游。

（2）实训目的：加深对选择结构含义的理解；练习双分支 if 语句的运用。

掌握条件运算符（?:）的用法，并与双分支 if 语句进行比较，加深对二者的理解。

（3）实训内容：编写程序根据输入的天气 weather 的值判断星期天能否出游。

如果天气晴好，就以非 0 数据作为 weather 的值进行输入。如果天气有雨雪、大风等恶劣情况，就以 0 作为 weather 的值进行输入。

当判断为天气晴好时，输出提示语句"天气晴好，我们可以去公园玩，真棒！"。当判断为天气不好时，输出提示语句"天气恶劣，期待下周末吧，不要着急哟！"。

2. 任务实施

（1）建议分组教学，4～6 人为一组，并选出组长。

（2）给出实施代码。

3. 任务成果

（1）请将个人运行效果粘贴在下面空白处。

（2）请总结任务实施过程中的重点、难点问题，以及收获。

 考核评价

主要评价标准：

每次任务评价分数的总分为 10 分。

（1）任务完成及时。

（2）代码书写规范，程序运行效果正常。

（3）实施报告内容真实可靠，条理清晰，书写认真。

（4）没完成任务，根据完成度进行扣分，故意抄袭实施报告扣 5 分。

4.3 我纳税我光荣——多分支 if 语句的应用

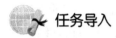 任务导入

"尊重劳动、尊重创造、尊重纳税人"已成为用税人、征税人、纳税人等社会各界的心声。纳税人有依法纳税的义务，同样应该有自己的合法权益。我国的个人所得税税率表（综合所得适用）如表 4-2 所示。个人所得税款=全年应纳税所得额*税率（%）-速算扣除数。王明和李晓想编写一个 C 语言程序，模拟计算过程，应该怎么实现呢？

表 4-2　个人所得税税率表（综合所得适用）

级数	全年应纳税所得额	税率/%	速算扣除数
1	不超过 36 000 元的部分	3	0
2	超过 36 000 元至 144 000 元的部分	10	2520
3	超过 144 000 元至 300 000 元的部分	20	16920
4	超过 300 000 元至 420 000 元的部分	25	31920
5	超过 420 000 元至 660 000 元的部分	30	52920
6	超过 660 000 元至 960 000 元的部分	35	85920
7	超过 960 000 元的部分	45	181920

（注：本表所称全年应纳税所得额是指依照《中华人民共和国个人所得税法》第六条的规定，居民个人取得综合所得为每个纳税年度收入额减去费用 60000 元及专项扣除、专业附加扣除和依法确定的其他扣除后的余额。）

任务分析

根据以上信息，要想计算个人所得税款，应按如下步骤执行。

（1）首先要知道个人的全年应纳税所得额是多少。

（2）根据全年应纳税所得额的区间计算应交纳的个人所得税款。

（3）程序的实现。

输入：个人全年的综合所得额。

判断：根据输入的数据判断其对应的税率，然后计算个人所得税款。

输出：个人应交纳的税额。

此部分的难点在于计算个人所得税款的时候有7种情况，前面所学的选择分支中的单分支结构和双分支结构都不能解决这个问题，因此需要使用新的选择分支结构。

 相关知识

if…else 语句中的 if 分支或 else 分支又是一个 if 语句或 if…else 语句，这称为 if 语句的嵌套，或者多分支 if 语句。如果程序中有多个条件的分支判断，就可以使用多分支 if 语句。本任务是7个条件的分支判断，可以选择使用 if 语句的多分支结构。

1. if…else if 语句格式

```
if(表达式1)
    语句1
else  if(表达式2)
      语句 2 ；
          ……
            else  if(表达式 n)
              语句 n ；
                else
                  语句 n+1;
```

2. 执行过程

若表达式1为真，则执行语句1；若表达式1为假，而表达式2为真，则执行语句2；以此类推。若表达式1，……，表达式 n-1 均为假，而表达式 n 为真，则执行语句 n；若表达式1，……，表达式 n 均为假，则执行语句 n+1。其流程图如图 4-8 所示。

3. 注意问题

（1）if 语句的嵌套十分灵活，不仅单分支结构中的 if 语句可以嵌套，其他结构中的 if 语句也可以嵌套。此外，被嵌套的 if 语句本身又可以是一个嵌套的 if 语句，即 if 语句的多重嵌套。

（2）if 语句嵌套时 else 与 if 的匹配原则：else 与在它上面、距它最近、尚未匹配的 if 配对。

例如：

```
if(表达式 1)
if (表达式 2)
语句 1 ；
```

```
else
语句 2；
```

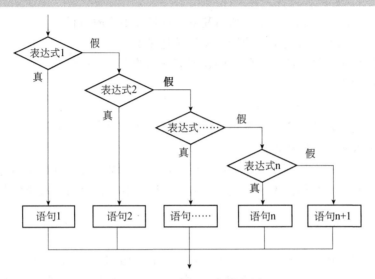

图 4-8   if…else if 语句流程图

上述语句中的 else 与第二个 if 配对。如果要改变这种默认的配对关系，可以通过给相应的 if 条件语句加花括号。

例如：

```
if(表达式1)
{
if(表达式2) 语句1;
}
else语句2;
```

上述语句中的花括号改变了 if 与 else 的默认配对关系，使得 else 与第一个 if 配对。

【例 4.10】请用 C 语言编写程序实现如下所示的函数。

$$y = \begin{cases} -1 & (x < 0) \\ 0 & (x = 0) \\ 1 & (x > 0) \end{cases}$$

程序如下：

```
#include "stdio.h"        /*编译预处理命令：文件包含*/
int main( )
{ int x,y;
  scanf("%d",&x);
  if(x<0)  y=-1;
  else if(x==0)  y=0;
      else      y=1;
  printf("x=%d,y=%d",x,y);
  return 0;
}
```

例 4.10 程序的运行结果如图 4-9 所示。

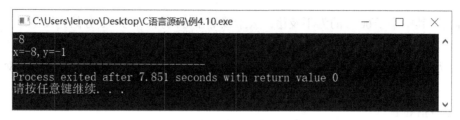

图 4-9　例 4.10 程序的运行结果

 任务实施

1. 任务描述

（1）实训任务：练习使用多分支 if 语句。

（2）实训目的：加深对选择结构含义的理解；理解嵌套的含义。

（3）实训内容：请编写一个 C 语言程序，模拟个人所得税的计算过程，可参考图 4-10。

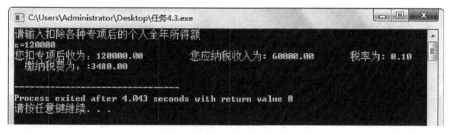

图 4-10　计算个人所得税参考图

2. 任务实施

（1）建议分组教学，4～6 人为一组，并选出组长。

（2）给出实施代码。

3. 任务成果

（1）给出个人运行效果。

（2）请总结任务实施过程中的重点、难点问题，以及收获。

 考核评价

1. 主要评价标准

每次任务评价分数的总分为 10 分。

（1）任务完成及时。

（2）代码书写规范，程序运行效果正常。

（3）实施报告内容真实可靠，条理清晰，书写认真。

（4）没完成任务，根据完成度进行扣分，故意抄袭实施报告扣 5 分。

2. 跟踪练习

在对课程的成绩评定中，经常把学生的成绩分成优秀、良好、中等、及格和不及格

5 个等级。其中小于 60 分的为不及格；大于或等于 60 分，小于 70 分的为及格；大于或等于 70 分，小于 80 分的为中等；大于或等于 80 分，小于 90 分的为良好；大于或等于 90 分的为优秀。请编写程序，要求输入一个学生的百分制考试成绩，并输出其对应的等级。

【思路指导】

输入：输入学生的成绩存储到变量 score 中。

输出：根据学生的成绩输出学生的等级。

条件判断：判断学生的成绩属于哪个范围。

处理：根据判断，输出学生的等级。

4.4 简易计算器单次计算功能的实现——switch 语句的应用

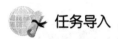 任务导入

实际问题中经常会用到多分支选择结构，该结构除可以通过 if 嵌套语句实现外，还可以通过 switch 语句。if 嵌套语句的书写麻烦、不易阅读，有时还会出现冗长的情况，此时可以考虑通过 switch 语句实现。

本任务希望借助 C 语言编写程序实现简易计算器的功能，要求使用 switch 语句实现单次的加、减、乘、除运算功能。简易计算器的效果图如图 4-11 所示。

图 4-11 简易计算器的效果图

 任务分析

分析任务要求可知，要实现简易计算器的计算功能，关键是要实现计算器加、减、乘、除、退出 5 种功能。

输入：选择变量 n，运算变量 a 和 b。

判断：根据 n 的值，选择不同的分支。

处理：根据选择的分支进行运算。

输出：计算结果。

相关知识

人按年龄可分为婴儿、少年、青年、中年、老年，学生百分制成绩可对应优秀、良好、中等、及格、不及格，超市按顾客不同的消费金额给予不同的折扣等都是生活中的多分支问题，对于此类问题使用 switch 语句更容易实现，并且程序结构更加清晰、易于阅读。

1. switch 语句的一般形式

```
switch（表达式）
{
    case 常量表达式1：语句1；break；
    case 常量表达式2：语句2；break；
    ……
    case 常量表达式n：语句n；break；
    default：语句n+1；
}
```

2. 执行过程

switch 语句首先计算 switch 后面表达式的值，然后将该值与 case 后各常量表达式的值进行比较；如果表达式的值与常量表达式的值相等，就执行其后的语句，当执行到 break 语句时，就跳出 switch 语句；如果表达式的值与所有 case 后常量表达式的值均不相等，就执行 default 后面的语句，若没有 default 语句，则跳出 switch 语句。

switch 语句常和 break 语句联合使用，break 语句也称间断语句，用在 case 语句后面，用于结束满足条件的分支的执行。switch 语句的执行过程如图 4-12 所示。

3. 说明

（1）switch 括号后面的表达式必须为整型或字符型。

（2）break 语句不是必须的，应根据实际情况使用。没有 break 语句，程序执行完一个 case 语句后，不跳出 switch 语句，会继续执行下一个 case 语句。

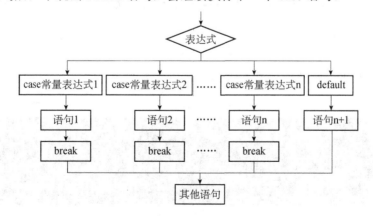

图 4-12 switch 语句的执行过程

（3）default 语句不是必须的。

（4）case 后面用于判断的值只能是常量，可以是整型或字符型，并且每个常量的值不能相同。case 后面如果有多条语句，不必用"{}"括起来，并且多个 case 可以共用一组执行语句。

（5）case 分支和 default 分支出现的顺序不影响执行结果。

（6）switch 语句只能对整型或字符型表达式的值进行判断，而 if 语句可以对各种表达式的值进行判断。

【例 4.11】用 switch 语句实现从键盘输入百分制成绩，并将其转换为相应的等级后输出。其中小于 60 分的等级为 E，大于或等于 60 分且小于 70 分的等级为 D，大于或等于 70 分且小于 80 分的等级为 C，大于或等于 80 分且小于 90 分的等级为 B，大于或等于 90 分的等级为 A。程序如下。

```c
#include"stdio.h"
int main()
{
    int score;
    printf("请输入百分制成绩: ");
    scanf("%d",&score);
    printf("\n");
    switch(score/10)
    {
        case 10:
        case 9: printf("%d对应在等级为: %c",score,'A');break;
        case 8: printf("%d对应在等级为: %c",score,'B');break;
        case 7: printf("%d对应在等级为: %c",score,'C');break;
        case 6: printf("%d对应在等级为: %c",score,'D');break;
        case 5:
        case 4:
        case 3:
        case 2:
        case 1:
        case 0:printf("%d对应在等级为: %c",score,'E');break;
        default:printf("输入的成绩不符合规定，输入的分数应在0～100之间。");
    }
    return 0;
}
```

例 4.11 程序的运行结果如图 4-13 所示。

图 4-13　例 4.11 程序的运行结果

 **任务实施**

1．任务描述

（1）实训任务：编程实现简易计算器的单次计算功能。

（2）实训目的：加深对选择结构的含义的理解；练习使用多分支switch语句；比较多分支if语句和多分支switch语句的区别，能够根据不同情况选择合适的语句。

（3）实训内容：使用switch语句编程，设计一个简单的计算器，实现单次的计算功能。

2．任务实施

（1）建议分组教学，4～6人为一组，并选出组长。

（2）给出实施代码。

3．任务成果

（1）给出个人运行效果。

（2）请总结任务实施过程中的重点、难点问题，以及收获。

 考核评价

1．主要评价标准

每次任务评价分数的总分为10分。

（1）任务完成及时。

（2）代码书写规范，程序运行效果正常。

（3）实施报告内容真实可靠，条理清晰，书写认真。

（4）没完成任务，根据完成度进行扣分，故意抄袭实施报告扣5分。

2．跟踪练习

某商场春节期间举办促销活动，方案是多消费多打折，具体的折扣方案如下：

（1）购物金额<300元，不打折；

（2）300元≤购物金额<500元，9.8折；

（3）500元≤购物金额<1000元，9.5折；

（4）1000元≤购物金额<2000元，9折；

（5）2000元≤购物金额，8.5折。

请编写程序计算顾客的实付金额。请分别使用if语句和switch语句编写。

项目小结

本项目通过4个典型任务重点讲解了选择结构程序实现的
方法，包括简单if语句、if…else语句、多分支if语句、嵌套
if语句及switch语句等不同的选择结构语句。并对if语句和switch语句的特点及相互之间的区别进行了对比分析。

扫码查看任务示例源码

通过本项目的学习，学生能够了解选择结构程序设计的特点和一般规律，编写程序时应从可靠性、健壮性和程序效率等多方面进行综合考虑，使用合适的语句结构，提高代码质量。

同步训练

一、思考题

多分支 if 语句与 switch 语句能否相互替换？分别适用什么情况？

二、单项选择题

1. 逻辑运算符两侧运算对象的数据类型_____。

A. 只能是 0 或 1
B. 只能是 0 或非 0 正数
C. 只能是整型或字符型数据
D. 可以是任意类型的数据

2. 判断 char 型变量 ch 是否为大写字母的正确表达式是_____。

A. 'A'<=ch<='Z'
B. (ch>='A')&(ch<='Z')
C. (ch>='A')&&(ch<='Z')
D. (ch>='A')AND(ch<='Z')

3. 以下程序的输出结果是_____。

```
void main( )
{ int x=3,y=0,z=0;
 if(x==y+z)
     printf("****");
 else
     printf("# # # #");
 }
```

A. 有语法错误，不能通过编译

B. 输出****

C. 可以通过编译，但是不能通过连接，因此不能运行

D. 输出# # # #

4. 以下关于 switch 语句和 break 语句的描述中，正确的是_____。

A. 在 switch 语句中必须使用 break 语句

B. 在 switch 语句中可以根据需要使用或不使用 break 语句

C. break 语句只能在 switch 语句中使用

D. break 语句是 switch 语句的一部分

5. 以下程序的输出结果是_____。

```
void main( )
{ int x=10,y=20,t=0;
   if(x!=y)
     t=x;
     x=y;
     y=t;
   printf("%d %d\n",x,y);
 }
```

A. 10　　10　　　　　B. 10　　20　　　　　C. 20　　10　　　　　D. 20　　0

6. 有以下程序，执行后的输出结果是_____。

```
void main( )
{ int a=5,b=4,c=3,d=2;
  if(a>b>c)
        printf("%d\n",d);
  else if((c-1>=d)= =1)
              printf("%d\n",d+1);
      else
              printf("%d\n",d+2);
 }
```

A. 2　　　　　　　　　　　　　　　　B. 3
C. 4　　　　　　　　　　　　　　　　D. 编译时有错，无结果

7. 若 a、b、c1、c2、x、y 均为整型变量，则正确的 switch 语句是_____。

A. switch(a+b);　　　　　　　　　　B. switch(a*a+b*b);
　　{ case 1:y=a+b;break;　　　　　　　{ case 3:
　　　case 0:y=a-b;break;　　　　　　　　case 1:y=a+b;break;
　　　}　　　　　　　　　　　　　　　　case 3:y=b-a;break;　　}
C. switch　a　　　　　　　　　　　D. switch(a-b);
　　{ case c1:y=a-b;break;　　　　　　　{default:y=a*b;break;
　　case c2:x=a*b;break;　　　　　　　　case 3:case 4:x=a+b;break;
　　default:x=a+b;　　　　　　　　　　case 10:case 11:y=a-b;break;
 }　　　　　　　　　　　　　　　　　}

8. 为了避免嵌套的条件分支语句 if…else 的二义性，C 语言规定：C 语言程序中的 else 总是与_____组成配对关系。

A. 缩进位置相同的 if　　　　　　　B. 在其之前未配对的 if
C. 在其之前未配对的最近的 if　　　D. 同一行上的 if

9. 若从键盘输入 58，则下面程序输出的结果是_____。

```
void  main( )
{ int a;
  scanf("%d",&a);
  if(a>50) printf("%d",a);
  if(a>40) printf("%d",a);
  if(a>30) printf("%d",a);
}
```

A. 58 58 58　　　　B. 58 58　　　　　C. 58　　　　　D. 0

三、程序分析题

1. 以下程序的功能是_____。

```
#include "stdio.h"
void main( )
{ char ch;
  scanf("%c",ch);
  if(ch>='A' && ch<='Z')
  ch=ch-32;
```

```
    printf("%c",ch);
 }
```

2. 根据以下程序，写出相应的数学表达式_____。

```
#include "stdio.h"
void main( )
{ int x,y;
  scanf("%d",&x);
  if(x<0) y=-1;
  else  if(x= =0)
          y=0;
        else  y=1;
  printf("%d  %d\n",x,y);
}
```

四、编程题

1. 输入 3 个数，按照由小到大的顺序输出。

2. 通过键盘输入一个年份和月份，判断该月份有多少天（用 switch 语句实现）。

3. 编写程序，求解一元二次方程 $ax^2+bx+c = 0$ 的根。

项目5　循环结构程序设计

项目引入

　　生活中除会经常处理选择性问题外，还会处理许多重复性问题。如重复录入多名学生的成绩，LED广告屏中反复播放文字广告，自动取款机重复执行存取款操作等。此外，自然界中的地球绕太阳公转、四季更替；生活中旋转的风扇、运动的车轮等都是循环。本项目将学习循环结构程序设计思想，解决烦琐的重复问题。

　　循环结构是结构化程序设计的3种基本结构之一，循环语句序列可重复执行，直到某条件不成立或完成指定的次数时结束循环体。循环结构由循环语句来实现，在程序的执行过程中要控制循环的进入和退出，本项目将用6个典型的任务讲解循环结构的程序设计方法。

学习目标

1. 知识目标
（1）了解循环结构的设计方法。
（2）熟练掌握当型循环 while 语句。
（3）熟练掌握直到型循环 do…while 语句。
（4）熟练掌握 for 循环语句。
（5）熟练掌握循环控制 break 语句和 continue 语句。
（6）了解循环的嵌套思想，掌握简单的循环嵌套设计方法。

2. 能力目标
（1）能够进行循环结构算法的设计。
（2）能够根据需要设计循环体、循环控制和设置循环初值。
（3）能够进行循环程序的调试。

3. 素质目标
（1）培养学生提出问题、分析问题和解决问题的能力。
（2）培养学生耐心、细致、追求完美的基本素质。

5.1　歌唱比赛计算平均分——while语句的运用

 任务导入

某学院打算举办一场小型歌唱比赛，比赛时，一支参赛队伍演唱完毕，由评委打

分，对于每位选手而言，总的评委人数是固定的，但最终打分的评委人数不确定，每位选手的最终得分是所有打分评委所打分数的平均值。

王明和李晓负责统计每位选手的得分，两人分析这个任务时，注意到每位选手的得分都要经过相同的计算过程，并且要保证正确率。由于 C 语言程序的循环思想正好可以解决这个问题，因此两人决定使用 C 语言设计小程序，完成分数的计算，既能保证正确率，还能解决烦琐的重复计算。

 任务分析

分析任务，首先评委人数一开始不确定，需要到最后才能确定；然后对于每位选手而言，其最终得分是所有评委打分的平均值，在此步骤中如果打分次数和评委人数不相等，就继续打分和求和。

注意问题：每位选手的打分人数和评委人数要一致。

输入：评委人数（int n）。

次数统计：计数器，统计评委人数和打分次数（int i）。

循环：循环条件 i<=n。

循环任务：输入评委打分 0～100（int scr），求和（int sum）；打分次数 i 加 1。

求平均分：平均分（int ave），ave=sum/n。

输出：平均分，也就是选手的得分。

 相关知识

顾名思义，循环就是从一个点出发又回到这一点。循环结构就是在给定的条件成立的情况下，反复执行某程序段，直到条件不成立时为止。给定的条件称为循环条件，反复执行的程序段称为循环体。

循环是许多问题解决方案的基本组成部分，特别是那些涉及大量数据的问题。C 语言中的循环结构有 while 语句、do…while 语句和 for 语句。这 3 个语句功能相同，写出的程序可以互换，但程序的执行效率会有所不同。

5.1.1　解决循环问题的基本步骤和方法

设计循环结构需要解决 3 个问题。

（1）确定循环需要执行的次数，即需要设计一个循环变量，并对它进行初始化，表示循环开始的值。

（2）设计循环条件，即循环变量的终值，控制循环能够结束，否则容易出现死循环。

（3）设计循环体，即循环需要反复执行的任务。

5.1.2 while 语句

1. while 语句的语法格式

```
while(表达式)
{
    循环体
}
```

其中表达式称为循环条件，循环体由一条或多条语句组成。为了便于初学者理解，可以读作"当循环条件成立时，执行循环体"。

2. while 语句的执行过程

步骤 1：计算 while 后的表达式的值。

步骤 2：如果表达式的值为真（非 0），就执行循环体；当循环体执行结束后，重复执行步骤 1；如果表达式的值为假（0），就退出该循环结构，执行该循环结构的后继语句。如图 5-1 所示是 while 语句流程图。

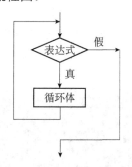

图 5-1　while 语句流程图

3. while 语句的说明

（1）循环体如果包含一条以上的语句，就应该使用 "{ }" 括起来，以复合语句的形式出现。

（2）循环体中应设置修改条件的语句，以保证循环能够在有限的次数内结束。

（3）while 语句的特点是先判断表达式的值，再决定是否执行循环体。因此，如果表达式的值一开始就为假，就会跳过循环体，执行后续语句，但如果表达式的值始终为真，就会形成死循环。

【例 5.1】编写程序计算 1+2+3+4+…+100 的值。

设置初始变量：sum=0、i=1。

循环计算求和：sum=sum+i、i=i+1。

结束循环退出：输出 sum。

程序如下：

```
#include <stdio.h>
int main( )
{ int i,sum=0;
   while(i<=100)
    { sum=sum+i;
```

```
    i++;
    }
  printf("1到100的和为sum:%d\n",sum);
return 0;
}
```

分析：此例题可以拓展为求 n 的阶乘 n!，其中 n 由用户键盘输入；也可以拓展为求 100 以内奇数或偶数的总和。

【例 5.2】用 while 语句编程实现一个酷炫的效果——"黑客帝国"。程序如下。

```
#include <stdio.h>
#include<stdlib.h>          //system函数的头文件
int main( )
{
  system("color oa");     //用system函数设计输出背景为黑色，前景为浅绿色
  while(1)
  printf("0 1");
  return 0;
}
```

此程序是一个死循环的程序，因为循环变量始终为 1（真），所以一直输出 0 和 1，例 5.2 程序的运行结果如图 5.2 所示，就像进入黑客帝国一样。

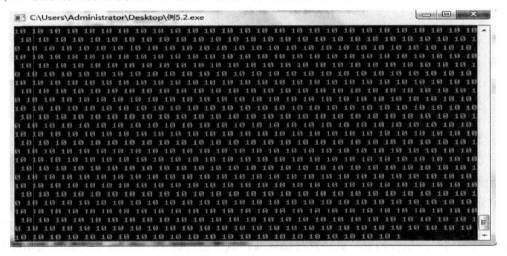

图 5-2 例 5.2 程序的运行结果

 任务实施

1. 任务描述

（1）实训任务：用 C 语言编程计算一组数的平均分。

（2）实训目的：加深对 C 语言中循环结构的理解；练习使用 while 语句编写程序。

（3）实训内容：某学院打算举办一场小型歌唱比赛，比赛时，一支参赛队伍演唱完毕后各评委打分，最终各参赛队伍的得分是所有评委打分的平均分。请使用 C 语言编号程序，完成分数的计算。

2．任务实施

（1）建议分组教学，4～6 人为一组，并选出组长。

（2）给出实施代码。

3．任务成果

（1）请给出个人运行效果。

（2）请总结任务实施过程中的重点、难点问题，以及收获。

 考核评价

1．主要评价标准

每次任务评价分数的总分为 10 分。

（1）任务完成及时。

（2）代码书写规范，程序运行效果正常。

（3）实施报告内容真实可靠，条理清晰，书写认真。

（4）没完成任务，根据完成度进行扣分，故意抄袭实施报告扣 5 分。

2．跟踪练习

某班级分小组进行教学考试，每个小组 10 人，请编写一个程序，能够统计小组的总分和平均分。

5.2　简易计算器多次计算功能的实现

 任务导入

学习了循环结构程序设计的思想后，王明和李晓思考能不能给项目 4 中设计的单次简易计算器程序加上循环结构来实现多次计算的功能呢？随后两人便开始进行程序的二次开发，两人想实现如下的效果。

```
************************
         欢迎使用简易计算器
         设计人：王明、李晓
************************
          +.加法运算
          -.减法运算
          *.乘法运算
          /.除法运算
************************
请按下列格式输入运算式：第一个运算数 运算符 第二个运算数
    8/2
运算结果是：8.000000 /2.000000=4.000000
继续计算请输入整数1，退出请输入其他字符
1
请按下列格式输入运算式：第一个运算数 运算符 第二个运算数
    8+2
运算结果是：8.000000 +2.000000=10.000000
```

继续计算请输入整数 1，退出请输入其他字符
0

 任务分析

分析任务可知，如果想要实现计算器的多次计算功能，就需要借助循环结构。从使用者的角度考虑，计算器一定会计算一次才会出现提问是否要进行重复计算的问题。while 语句可以实现本任务，但是使用 do…while 语句进行循环设计更为合理。因为 do…while 语句的特点是无论一开始条件成立或不成立，循环体至少都会执行一次。

 相关知识

本任务主要学习 do…while 语句的用法及其与 while 语句的区别。

5.2.1 do…while 语句

do…while 语句也是循环语句，其基本功能和 while 语句类似，但略有区别。do…while 语句属于直到型语句，这种类型的循环是先执行一次循环体，再对条件进行判断，最后根据条件判断的结果决定是否再次执行循环体。

1. do…while 语句的一般形式

```
do
{
    循环体语句
} while(表达式);
```

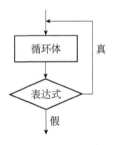

图 5-3 do…while 语句
的流程图

2. do…while 语句的执行过程

先执行一次循环体，再计算表达式，当表达式的值为真（非 0）时，重复执行循环体，直到表达式的值为假（0）时，跳出循环体。如图 5-3 所示是 do…while 语句的流程图。

【例 5.3】输出 1～100 之间 5 的倍数的数的总和。

分析：这个问题是要求 1～100 之间 5 的倍数的数的总和，为了不漏掉所有满足条件的数，使用循环结构语句和选择结构语句共同完成。

程序代码：

```
#include<stdio.h>
int main( )
{ int i=1,sum=0;
  do{
      if(i%5==0)
          sum=sum+i;
      i++;
  }while(i<=100);
printf("1到100之间5的倍数的数的总和为: sum=%d\n",sum);
return 0;
}
```

例 5.3 程序的运行结果如图 5-4 所示。

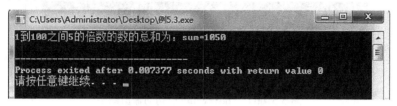

图 5-4　例 5-3 程序的运行结果

3. do…while 语句的注意问题

（1）在 C 语言中，do 是关键字，必须和 while 联合使用。

（2）do…while 语句从 do 开始，至 while 结束。while(表达式)后的";"不能丢，它表示 do…while 语句的结束。

（3）如果循环体包含一条以上的语句，就必须用"{ }"括起来，组成复合语句。

（4）无论是否满足，do…while 语句中的循环体至少执行一次。而 while 语句是当条件成立时，才执行循环体，因此循环体可能一次也不执行。

（5）通常 while 语句和 do…while 语句可以互相改写，但要注意修改循环控制条件，避免进入死循环。

5.2.2　while 语句与 do…while 语句的区别

【例 5.4】对比以下两个程序，分析程序的区别。

```
#include<stdio.h>                    #include<stdio.h>
int main()                          int main()
{   int i=10;                       {   int i=10;
    while(i<10)                         do
    { printf("i=%d\n",i);               { printf("i=%d\n",i);
       i++;                               i++;
    }                                   }while(i<10);
    return 0;                           return 0;
}                                   }
```

对比两个程序，左侧程序因为条件不成立，所以不执行循环体，i 的值也不会发生改变。而右侧程序是直接执行循环体，输出为 i=10，执行循环体后 i 的值会变为 11，while 语句的输出结果如图 5-5（a）所示，do…while 语句的输出结果如图 5-5（b）所示。

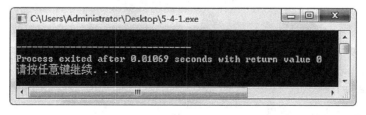

图 5-5（a）　while 语句的输出结果

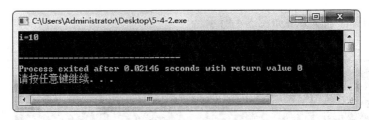

图 5-5（b）　do…while 语句的输出结果

 任务实施

1．任务描述

（1）实训任务：编程实现简易计算器的多次计算功能。

（2）实训目的：加深对循环结构的理解；练习使用 do…while 语句编写程序；理解 do…while 语句和 while 语句的区别。

（3）实训内容：使用 do…while 语句编写程序实现简易计算器的多次计算功能，可参考图 5-6 进行设计。

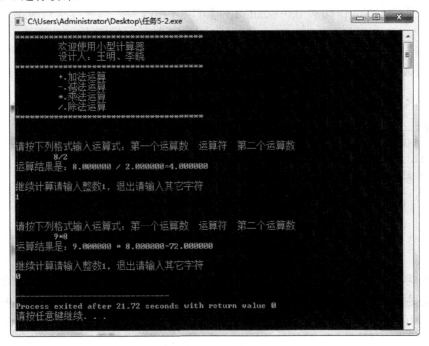

图 5-6　简易计算器参考图

2．任务实施

（1）建议分组教学，4～6 人为一组，并选出组长。

（2）请给出实施代码。

3．任务成果

（1）请给出个人运行效果。

（2）请总结任务实施过程中的重点、难点问题，以及收获。

 考核评价

1. 主要评价标准

每次任务评价分数的总分为 10 分。

（1）任务完成及时。

（2）代码书写规范，程序运行效果正常。

（3）实施报告内容真实可靠，条理清晰，书写认真。

（4）没完成任务，根据完成度进行扣分，故意抄袭实施报告扣 5 分。

2. 跟踪练习

假设有如下 3 人纸牌游戏规则：3 个人分别是奇数玩家、偶数玩家和计分玩家，奇数玩家随机抽取纸牌，遇偶数停止；偶数玩家随机抽取纸牌，遇奇数停止，直到某个玩家抽到大王或小王（王为 0 分）时游戏结束；其中，A 为 1 分，……，K 为 13 分，王为 0 分，最终积分高者胜出。试用 C 语言中的 do…while 语句编写程序模拟游戏，可以参考图 5-7。

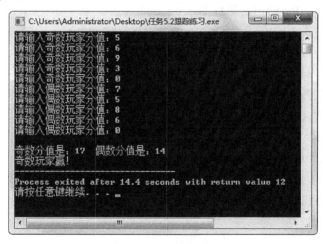

图 5-7　游戏参考图

5.3　抽奖小系统开发——根据输入的数判断是否中奖

 任务导入

王明和李晓打算用 C 语言编程模拟小型彩票中奖机。已知彩票中奖号码是一个固定的 3 位数（原始号码），对任意一个 3 位数，取出它的每位数和原始号码的每位数做比较，如果有 1 位数相同就中三等奖，如果有 2 位数相同就中二等奖，如果 3 位数完全相同就中一等奖。程序要输出多次随机输入的 3 位数及其中奖情况。

 任务分析

分析中奖机任务，首先固定的中奖号码（原始号码）可以通过初始化变量来确定；

想要多次判断输入数据的中奖情况，需要使用循环变量来控制程序的开始和结束；循环体中要判断随机输入数据的中奖情况，并进行相应的提示性输出；程序要有循环控制，包括开始值、计数器及终止值。本任务将通过第三种循环语句 for 语句来实现。

 相关知识

C 语言中 for 语句的功能强大，使用起来方便灵活，但使用方法和前面两种循环语句的区别较大，学习的时候要注意对比和理解。

5.3.1 for 语句

1. for 语句的一般形式

```
for（表达式1；表达式2；表达式3）
｛循环体语句｝
```

2. for 语句的执行过程

如图 5-8 所示是 for 语句的流程图。

（1）计算表达式 1 的值。

（2）计算表达式 2 的值，若为真（非 0），则转向步骤（3）；否则转向步骤（5）。

（3）执行一次循环体语句。

（4）计算表达式 3 的值，转向步骤（2）。

（5）结束循环。

【例 5.5】用 for 语句编程计算 1+2+3+4+5+6+…+99+100。程序如下。

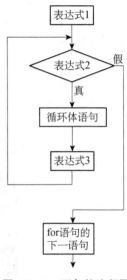

图 5-8　for 语句的流程图

```c
#include<stdio.h>
int main()
{
    int i,sum=0;
    for(i=1;i<=100;i++)
    {
        sum=sum+i;
    }
    printf("1到100的和为%d \n",sum);
    return 0;
}
```

【例 5.6】某班级分小组进行教学考试，每个小组的人数为 10 人，请用 for 语句设计程序统计小组的总分和平均分，运行一次程序可以只完成一个小组的计算。程序如下。

```c
#include<stdio.h>
int main()
{
    int i,sum=0,score;
    float ave;
    printf("\n计算小组学生的总成绩和平均成绩\n");
```

```
        printf("请输入10名学生的成绩: \n");
        for(i=1;i<=10;i++)
        {
            scanf("%d",&score);
            sum=sum+score;
        }
        ave=sum/10.0;
        printf("小组的总成绩为%d  平均成绩为%.2f\n",sum,ave);
        return 0;
}
```

例 5.6 程序的运行结果如图 5-9 所示。

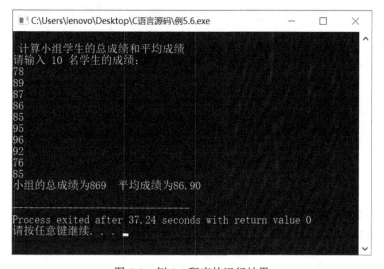

图 5-9　例 5.6 程序的运行结果

5.3.2　for 语句使用过程中应注意的问题

（1）for 循环相当于如下 while 循环：

```
表达式1;
while(表达式2)
 {
循环体;
 表达式3;
 }
```

（2）for 语句内必须有两个分号，程序编译时，将根据两个分号的位置来确定表达式。for 语句中的表达式可以部分或全部省略，但两个分号不可以省略。

例如，在计算机屏幕上输出 100 个 "*"。

程序 1：

```
#include<stdio.h>
int main( )
{ int i;
  for(i=1;i<=100;i++)
      printf("*");
```

```
    return 0;
}
```

程序 2：

```
#include<stdio.h>
int main( )
{ int i;
   for(i=1;i<=100;)
    { printf("*");
      i++;
    }
   return 0;
}
```

程序 3：

```
#include<stdio.h>
int main( )
{ int i=1;
   for(;i<=100;)
   { printf("*");
     i++;
   }
   return 0;
}
```

（3）3 个表达式都可以是逗号表达式，循环体可以是空语句。

例如，求 1～10 之间所有自然数的总和。

```
int i=1,sum;
for(i=1,sum=0;i<=10;sum=sum+i,i++)
   ;
```

（4）for 语句的应用方式灵活，功能较强。通常，表达式 1 给循环变量赋初值，表达式 2 控制循环条件，表达式 3 控制循环变量递增或递减。所以 for 语句的一般形式为：

```
for（循环变量赋初值；循环条件；循环变量增/减值）
  {循环体语句}
```

 任务实施

1. 任务描述

（1）实训任务：用 C 语言中的循环语句设计一个抽奖小系统。

（2）实训目的：加深对循环结构程序的理解；练习使用 for 语句编写程序；掌握 do…while 语句、while 语句和 for 语句的区别。

（3）实训内容：编写程序模拟小型彩票中奖机，已知中奖号码是一个固定的 3 位数（原始号码）。对于任意一个 3 位数，将它的每位数字和原始号码的每位数字比较，如果有 1 位数字相同就中三等奖，如果有 2 位数字相同就中二等奖，如果 3 位数字完全相同就中一等奖。可参照图 5-10 设计程序。

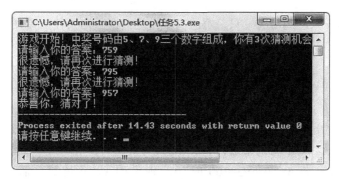

图 5-10　彩票中奖机效果图示

2. 任务实施

（1）建议分组教学，4～6 人为一组，并选出组长。

（2）给出实施代码。

3. 任务成果

（1）给出个人运行效果。

（2）请总结任务实施过程中的重点、难点问题，以及收获。

 考核评价

1. 主要评价标准

每次任务评价分数的总分为 10 分。

（1）任务完成及时。

（2）代码书写规范，程序运行效果正常。

（3）实施报告内容真实可靠，条理清晰，书写认真。

（4）没完成任务，根据完成度进行扣分，故意抄袭实施报告扣 5 分。

2. 跟踪练习

有一口井，深 20 米，有一只青蛙从井底向上爬，每向上爬 5 米就滑下来一半，像这样青蛙需要爬几次方可出井？编写程序求解。

5.4　破解鸡兔同笼

 任务导入

我国古代数学家张邱建在《算经》一书中提出过这样一个数学问题：鸡翁一，值钱五；鸡母一，值钱三；鸡雏三，值钱一。百钱买百鸡，问鸡翁、鸡母、鸡雏各几何？这个便是有名的百钱买百鸡问题。请同学们使用循环嵌套语句设计一个程序来解决此问题。

 任务分析

分析百钱买百鸡问题可知，如果从数学的角度来考虑，那么通过列方程可以解决此

问题。设鸡翁有 x 只，鸡母有 y 只，鸡雏有 z 只。根据已知条件，可列如下方程：

$$x+y+z=100$$

$$5x+3y+z/3=100$$

根据数学知识可知，3 个未知数，两个方程，是没有唯一答案的，也就是说方程会有多个解。

在求解方程的过程中，因为有多个解，所以最容易理解的求解方法是穷举法。由题意可以分析出，x、y、z 均为整数，且 $x<=20$，$y<=33$，$z=100-x-y$。首先令 $x=0$，再令 $y=0$，$z=100-x-y$，若 $5x+3y+z/3=100$ 成立，则说明 x、y 是解，若不成立，则保持 $x=0$，$y=y+1$，再求解 z 的值，最后去验证方程是否成立，直到 $y=33$ 为止。按照该方法，让 x 从 0 增加到 20，并且穷举每个 y，然后去验证方程，直到找到所有的解。

通过分析可以发现，这个方法虽然简单但工作量大，因此可以借助循环结构实现。该任务要用到循环结构的嵌套，x 值的变化用于外循环，y 值的变化用于内循环。

 相关知识

选择结构可以使用嵌套解决多分支的问题，循环结构同样也可以使用嵌套解决多层循环的问题。循环结构中的子句是循环语句的情况，就是循环的嵌套。

此情况可以用时钟来打比方，设指针走一格代表执行一次循环，那么一个小时分针要走 60 格，而分针每走一格，秒针也要走 60 格。如此，秒针的走动可以看成是内层循环，而分针的走动可以看成外层循环。

C 语言中的 3 种循环结构之间可以互相嵌套、自由组合，并且外循环每执行一次，内循环就执行一次。

【例 5.7】用 while 语句编写程序，在屏幕上输出如下图形。

程序如下：

```c
#include<stdio.h>
int main()
{
    int i,j;
    i=1;
    while(i<=4)
    {
        j=1;
        while(j<=8)
        {
            putchar(6);    //ASCII 码的值为6的字符是红心
            j++;
        }
        printf("\n");
        i++;
```

```
    }
    return 0;
}
```

例 5.7 程序的运行结果如图 5-11 所示。

图 5-11　例 5.7 程序的运行结果

【例 5.8】用 for 语句编写程序，求 100～1000 之间所有满足各位数字的立方和等于它本身的数（水仙花数）。例如，153 的各位数字的立方和是 $1^3+5^3+3^3=153$。程序如下。

```
#include<stdio.h>
int main( )
{
    int i,j,k;   //i,j,k分别表示百位、十位和个位
    for(i=1;i<=9;i++)
        for(j=0;j<=9;j++)
            for(k=0;k<=9;k++)
                if(i*i*i+j*j*j+k*k*k==100*i+10*j+k)
                    printf("%d\t",100*i+10*j+k);
    return 0;
}
```

例 5.8 程序的运行结果如图 5-12 所示。

图 5-12　例 5.8 程序的运行结果

 **任务实施**

1. 任务描述

（1）实训任务：破解鸡兔同笼。

（2）实训目的：加深对循环嵌套含义的理解；练习使用 do…while 语句、while 语句和 for 语句。

（3）实训内容：我国古代数学家张邱建在《算经》一书中提出过这样一个经典的数学问题：鸡翁一，值钱五；鸡母一，值钱三；鸡雏三，值钱一。百钱买百鸡，问鸡翁、鸡母、鸡雏各几何？请同学们利用 C 语言中的循环嵌套设计程序来解此问题。

2. 任务实施

（1）建议分组教学，4～6 人为一组，并选出组长。

（2）请给出实施代码。

3. 任务成果

（1）请给出个人运行效果。

（2）请总结任务实施过程中的重点、难点问题，以及收获。

 考核评价

1. 主要评价标准

每次任务评价分数的总分为 10 分。

（1）任务完成及时。

（2）代码书写规范，程序运行效果正常。

（3）实施报告内容真实可靠，条理清晰，书写认真。

（4）没完成任务，根据完成度进行扣分，故意抄袭实施报告扣 5 分。

2. 跟踪练习

请尝试使用循环嵌套编写程序输出九九乘法表。

5.5 找出 1～100 之间的质数

 任务导入

王明和李晓在利用循环语句完成程序设计的时候，发现都是通过控制循环变量来控制循环次数，能不能在循环的过程中根据不同的情况来提前结束循环呢？两人想到在学习 switch 语句时，曾经使用过的 break 语句，那么这两种语句能不能用在循环结构中呢？

 任务分析

对于两位同学提出的问题，答案是肯定的。break 语句可以在循环语句中结束循环。若在多层循环体中使用 break 语句，则仅结束本层循环。

 相关知识

本任务要求编写程序找出 1～100 之间所有的质数（又称素数），并统计其个数。

一个大于 1 的自然数，除 1 和它本身外，不能被其他自然数整除的数称为质数；否则称为合数（规定 1 既不是质数也不是合数）。

程序分析：

（1）设 m 是要被判断的数，其取值范围为 1～100，由于该范围的偶数一定不是素数，因此只需对该范围内的奇数逐个判断即可。

（2）判断 m 是否是素数的方法是检测 m 是否能被 2 到 $\sqrt{m}$ 之间的数整除，若 m 能被 2 到 $\sqrt{m}$ 之间的某一个数整除，则 m 不是素数，否则就是素数。

（3）设变量 k 的值为 $\sqrt{m}$，循环变量 i 的初值从 3 开始，求 m 除以 i 的余数。若余数为 0，则 m 不是素数；若余数非 0，则 i=i+2，继续判断，直到余数为 0 或 i 的值大于 k。此时，若 i 大于 k，则 m 是素数。

（4）设置统计个数变量 flag，每找到一个素数，flag 的值加 1。

【例 5.9】从键盘上连续输入字符，统计其中大写字母的个数，直到输入"换行"字符时结束。程序如下。

```c
#include<stdio.h>
int main( )
{
    char ch;
    int sum=0;
    while(1)
    {
        ch=getchar( );
        if(ch=='\n')  break;
        if(ch>='A'&&ch<='Z')  sum++;
    }
    printf("sum=%d\n",sum);
    return 0;
}
```

 任务实施

1. 任务描述

（1）实训任务：找出 1～100 之间的质数，并统计个数。

（2）实训目的：练习使用 do…while 语句、while 语句和 for 语句；练习使用 break 语句。

（3）实训内容：编写程序找出 1～100 之间所有的素数，并统计个数。

2. 任务实施

（1）建议分组教学，4～6 人为一组，并选出组长。

（2）请给出实施代码。

3. 任务成果

（1）给出个人运行效果。

（2）请总结任务实施过程中的重点、难点问题，以及收获。

 考核评价

1. 主要评价标准

每次任务评价分数的总分为 10 分。

（1）任务完成及时。

（2）代码书写规范，程序运行效果正常。

（4）实施报告内容真实可靠，条理清晰，书写认真。

（3）没完成任务，根据完成度进行扣分，故意抄袭实施报告扣 5 分。

2. 跟踪练习

用 C 语言编写程序依次计算 1+2、1+2+3、1+2+3+…+n 的值，当值大于 10000 时，停止计算，并输出 n。

5.6 找出 100～200 之间不能被 3 整除的数

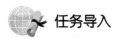 **任务导入**

循环的结束要考虑两种情况，一是结束本层循环；二是结束本次循环，提前进入下一次循环。前面学习的 break 语句可以实现结束本层循环的情况，那么，在 C 语言中是如何实现结束本次循环的呢？

 任务分析

在 C 语言中，使用 continue 语句结束本次循环，提前进入下一次循环。

 相关知识

1. 一般格式

```
Continue;
```

2. 功能

在 for 循环中，程序会跳过循环体中 continue 语句后面的其余语句，转向执行循环变量增量表达式；在 while 和 do…while 循环中，程序会跳过循环体中 continue 语句后面的其余语句，转向执行循环条件的判断语句。

3. 说明

（1）break 语句能用于循环语句和 switch 语句中，continue 语句只能用于循环语句中。

（2）循环嵌套时，break 语句和 continue 语句只影响包含它们的最内层循环，与外层循环无关。

【例 5.10】从键盘输入 30 个字符，统计其中数字字符的个数。程序如下。

```c
#include<stdio.h>
int main( )
{
    int sum=0,i;
    char ch;
    for(i=0; i<30; i++)
    {
```

```
        ch=getchar();
        if(ch<='0'||ch>='9')  continue;
        sum++;
    }
        printf("sum=%d",sum);
        return 0;
}
```

 任务实施

1. 任务描述

（1）实训任务：找出 100~200 之间不能被 3 整除的数。

（2）实训目的：练习使用 do…while 语句、while 语句和 for 语句；练习使用 continue 语句。

（3）实训内容：请编写程序查找 100~200 之间不能被 3 整除的数。

2. 任务实施

（1）建议分组教学，4~6 人为一组，并选出组长。

（2）给出实施代码。

3. 任务成果

（1）给出个人运行效果。

（2）请总结任务实施过程中的重点、难点问题，以及收获。

 考核评价

1. 主要评价标准

每次任务评价分数的总分为 10 分。

（1）任务完成及时。

（2）代码书写规范，程序运行效果正常。

（3）实施报告内容真实可靠，条理清晰，书写认真。

（4）没完成任务，根据完成度进行扣分，故意抄袭实施报告扣 5 分。

2. 跟踪练习

编写程序计算 1~100 之间不是 5 的倍数的和。

项目小结

本项目重点介绍了循环结构的用法，循环结构需要确定循环语句的初始值、循环结束条件及循环体，并结合几个任务介绍了 3 种基本循环结构语句 while、do…while、for 的用法，以及两种循环控制语句 break 和 continue 的区别与用法。通过本项目的学习，学生能够了解循环程序设计的特点和一般规律。编写程序时，应从可读性和程序效率方面进行综合考虑，使用合适的语句结构，以提高代码质量。

扫码查看任务示例源码

同步训练

一、思考题

3 种循环语句的不同点是什么？break 语句和 continue 语句的作用是什么？区别是什么？

二、单项选择题

1. 在 C 语言中，while 语句和 do…while 语句的主要区别是_____。

A. do…while 语句的循环体至少执行一次

B. while 语句的循环体至少执行一次

C. do…while 语句允许从循环体外转到循环体内

D. do…while 语句的循环体不能是复合语句

2. 执行循环语句 for(k=1; k++<4;) 后，变量 k 的值是_____。

A. 3　　　　　　　B. 4　　　　　　　C. 5　　　　　　　D. 不确定

3. 执行下列程序段后的输出结果是_____。

```
int k=1, a=0, b=1;
do {a=a+b*k;
    b= -b;
    k++;  } while (a>=0);
printf("%d",a);
```

A. 1　　　　　　　B. 0　　　　　　　C. −1　　　　　　　D. −2

4. 下面程序的输出结果是_____。

```
int main( )
{ int n=0;
  while(n<=2)
   { n++;
     printf("%d\n", n);
     }
     return 0;
 }
```

A. 1　　　　　　　B. 1　　　　　　　C. 1　　　　　　　D. 1

　　2　　　　　　　　2　　　　　　　　2

　　3　　　　　　　　3　　　　　　　　d

　　4

5. 下列语句中错误的是_____。

A. while(x=y) 5;　　　　　　　　B. do x++ while (x==10);

C. while(0);　　　　　　　　　　D. do 2; while(a==b);

6. 以下说法中正确的是_____。

A. continue 语句和 break 语句只能用在循环体中

B. continue 语句只能用在循环体中

C. break 语句只能用在循环体中

D. continue 语句不能用在循环体中

7. 不能计算 s=1×2×3×…×10 的程序段是_____。

A. s=1*2*3*4;　　　　　　　　B. for(s=k=1;k<11;k++)

　　s=s*5*6*7*8*9*10;　　　　　　s*=k;

C. s=k=1;　　　　　　　　　　D. s=k=1;

　　while(k<11)　　　　　　　　　do

　　s*=k++;　　　　　　　　　　{s*=k;}while(k++<11);

8. 下面程序中，while 循环的循环次数是_____。

```
int main( )
{  int i=0;
   while(i<10)
   {  if(i<1) continue;
     if(i==5) break;
     i++;
     }
   …
   return 0;
   }
```

A. 1　　　　　　　B. 10　　　　　　C. 死循环　　　　D. 不能确定次数

9. 下面程序的输出结果是_____。

```
int main( )
{  int i,sum=0;
   for(i=1;i<=3;sum++)  sum+=i;
   printf("%d\n",sum);
   return 0;
}
```

A. 6　　　　　　　B. 3　　　　　　C. 0　　　　　　D. 死循环

10. 下面程序的输出结果是_____。

```
#include "stdio.h"
int main( )
{  int x=23;
   do
   {  printf("%d",x--);
    } while(!x);
    return 0;
}
```

A. 321　　　　　　B. 23　　　　　　C. 死循环　　　　D. 不输出任何内容

11. 在执行以下程序时，若从键盘上输入 ABCdef<回车>，则输出为_____。

```
#include<stdio.h>
int main( )
{  char ch;
  while((ch=getchar( ))!='\n')
  {if(ch>='A' && ch<='Z')  ch=ch+32;
```

```
    else if(ch>='a' && ch<='z')  ch=ch-32;
    printf("%c",ch);
    }
printf("\n");
return 0;
}
```

A. ABCdef   B. abcDEF   C. abc   D. DEF

12. 下列关于循环语句的描述，不正确的是＿＿＿＿。

A. 循环语句由循环条件和循环体两部分组成

B. 循环语句可以嵌套，即循环体中可以用循环语句

C. 循环语句的循环体可以是一条语句，也可以是复合语句，还可以是空语句

D. 任何一种循环语句，它的循环体至少要被执行一次

三、填空题

1. 下面程序段的功能是：从键盘上输入若干个字符（用回车键结束输入），统计其中数字字符的个数。

```
int n=0,ch;
ch=getchar( );
while( _____ )
 { if( _____ )  n++;
   ch=getchar( );
}
```

2. 下面程序的功能是：输出 100 以内，个位数为 6，并且能被 3 整除的所有数。

```
#include "stdio.h"
int main( )
{ int k,j;
 for(k=1; _____; k++)
   { j=k*10+6;
     if( _____ ) continue;
     printf("%d\n",j);
       }
   return 0;
 }
```

3. 计算一个班某课程的平均分，通过键盘输入数据，−1 表示数据输入结束。

```
#include "stdio.h"
int main( )
{ int sum=0,data,k=0;
 scanf("%d",&data);
 while(data_____)
 { scanf("%d",&data);
   sum=sum+_____;
   _____
 }
 printf("%d\n",sum/_____);
 return 0;
 }
```

四、编程题

1. 输入 20 个整数，统计其中正数、负数和零的个数。

2. 输出 0～127 之间的所有 ASCII 码字符。

3. 请编写程序查找 2021 ～ 2050 年间所有的闰年。判断闰年的条件，可以通过年份来判断。如果年份能被 4 整除同时不能被 100 整除，或者能被 400 整除，就是闰年。

4. 爱因斯坦的阶梯问题：有一个长阶梯，每步上 2 阶，最后剩 1 阶；每步上 3 阶，最后剩 2 阶；每步上 5 阶，最后剩 4 阶；每步上 6 阶，最后剩 5 阶；只有每步上 7 阶，最后刚好一阶也不剩。请问该阶梯至少有多少阶？

5. 猴子吃桃问题。猴子第一天摘下来若干个桃子，当即吃了一半，还不过瘾，又多吃了一个。第二天早上又将剩下的桃子吃掉一半，又多吃了一个。以后每天早上都吃了前天剩下的一半零一个。到第十天早上想再吃时，见只剩一个桃子了。求第一天共摘了多少个桃子。

项目6 数　组

项目引入

建设节约型社会是新时期基本国情的需要，全社会要形成节约光荣、浪费可耻的社会风尚，把节约变成每个人的自觉行动。学校积极响应号召，大力开展"勤俭节约、从我做起"活动。作为新世纪的大学生更要积极行动，树立勤俭节约的良好习惯，做一名全面发展、品德兼优的祖国建设接班人。

王明和李晓所在的班级自觉发起倡议，积极参与学校开展的"节约消费大比拼"活动，倡导节约绿色型消费。活动涉及计算学生的月平均消费、查找最高消费月、计算月消费排行等。如果一个班有40个学生，使用前面的基本数据类型进行计算的话会非常烦琐。通过分析可以看出，所有这些变量的类型都一样，只是值不同，那么C语言中有没有可以存储一组相同类型数据的变量呢？答案是肯定的，这便是数组。

数组是相同类型数据的有序集合。数组是由多个同类型的数据元素组成的，并且它们的先后顺序是确定的。本项目将通过6个典型任务对数组进行讲解。

学习目标

1. 知识目标

（1）了解数组的概念。

（2）掌握一维数组的定义和元素的引用。

（3）掌握二维数组的定义和元素的引用。

（4）掌握字符数组与字符串的关系，掌握字符串的基本操作。

（5）掌握数组与循环的结合使用。

2. 能力目标

（1）能够定义一维数组，并引用一维数组元素进行操作。

（2）能够定义二维数组，并引用二维数组元素进行操作。

（3）能够定义字符数组，并操作数组元素。

（4）能够区分字符串数组和字符数组。

3. 素质目标

（1）培养学生获取新知识、新技能、新方法的能力。

（2）培养学生独立思考的能力。

（3）培养学生设计测试数据进行程序测试的能力。

6.1 计算学生的月平均消费额

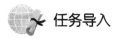 **任务导入**

宿舍之间开展的"节约消费大比拼"活动进行了一个阶段后,要计算每个学生的月平均消费额。王明和李晓在计算时,注意到每个学生都有 9 个月的消费数据,并且数据都是整型的。因此可以使用数组来存储学生的消费数据,并通过引用数组元素来计算学生的月平均消费额。

 任务分析

分析此任务,可以通过编程输入并存储一个学生 9 个月的消费额,然后对这 9 个数据求和,最后求平均值。

主要思路如下:

定义数组:int a[9]。

输入:通过循环控制连续输入 9 个月的消费额。

计算和:通过循环控制引用数组数据,并求和。

求平均消费:ave=sum/9。

输出:平均消费。

 相关知识

数组是具有相同数据类型的一组数据的集合。如球类的集合,包括足球、篮球、羽毛球等;电器的集合,包括电视机、洗衣机、电风扇等。在程序设计中,数组可以看作一列火车,整列火车可以看作数组的名称,火车的车厢可以看作是数组的元素,数组中的每个元素具有相同的数据类型。在程序设计中引入数组可以更有效地管理和处理数据。根据数组的维数分为一维数组、二维数组……。本任务学习一维数组的使用方法。

6.1.1 一维数组的定义

1. 一维数组的格式

类型说明 数组名[整型常量表达式];

例如:

```
int a[10];          //定义了一个整型数组a,有10个元素
float b[10],c[20];//定义了一个实型数组b,有10个元素,一个实型数组c,有20个元素
char ch[20];        //定义了一个字符数组ch,有20个元素
```

2. 说明

(1)类型说明:说明数组元素的类型,可以是基本数据类型或构造数据类型。类型说明确定了一个数组占用的内存字节数。一个数组占用的内存字节数=一个数组元素占用的内存字节数×数组元素个数。

（2）数组名：是用户定义的数组标识符，应符合标识符的规定。数组名不能与同一个程序中的其他变量名相同。

以下用法是错误的。

```
void main( )
{   int a;
    float a[10];
    …
}
```

（3）整型常量表达式：表示数组元素的个数，也称为数组的长度。可以是一个常量或常量表达式，其值必须固定，不能使用值不固定的变量或变量表达式。整型常量表达式在说明数组元素个数的同时，也确定了数组元素下标的范围，即 0～（整型常量表达式-1）。

如 a[5]表示数组 a 有 5 个元素。其下标从 0 开始计算，5 个元素分别为 a[0]、a[1]、a[2]、a[3]、a[4]。

以下用法是合法的。

```
#define FD 5
void main( )
{ int a[3+2],b[7+FD];
        …
}
```

以下用法是错误的。

```
void main( )
{ int n=5;
  int a[n];
  …
}
```

6.1.2　一维数组的初始化和赋值

在 C 语言中，数组存放数据有两种方式，分别是数组的初始化和数组的赋值。

1. 一维数组的初始化

一维数组的初始化是指在定义数组时对数组元素赋初值。一维数组的初始化比较灵活，有以下几种方式。

（1）对全部数组元素赋初值。例如：

```
int a[4]={3,2,5,0};   //数组中各元素的初值为a[0]=3、a[1]=2、a[2]=5、a[3]=0
```

注意：当给全部元素赋初值时，数组长度是可以省略的。如 int a[]={3,2,5,0}和 int a[4]={3,2,5,0}是等价的。

（2）对部分数组元素赋初值。

对部分数组元素赋初值时，若值为 0，则可以省略，但分隔数组元素的逗号不可以省略。若数组末尾的数据都为 0 时，则可以省略，但长度不能省略。如 int a[4]={2,,5}和 int a[4]={2,0,5,0}是等价的；int a[5]={3, ,5}和 int a[5]={3,0,5,0,0}是等价的。

注意： 只能给元素逐个赋值，不能给数组整体赋值。如给 10 个元素全部赋值为 1，只能写为 int a[10]={1,1,1,1,1,1,1,1,1,1}，不能写为 int a[10]=1。

2．一维数组的赋值

（1）一般地，结合循环结构给数组元素赋值。例如：

```
int i,a[10];
for(i=0;i<10;i++)
    a[i]=2*i;
```

（2）也可以借助输入语句结合循环结构给一维数组赋值。例如：

```
int i,a[10];
for(i=0;i<10;i++)
    scanf("%d",&a[i]);
```

6.1.3　一维数组的引用

在 C 语言中，数组必须先定义，再使用。C 语言规定只能逐个引用数组元素，不能一次性引用整个数组。所谓一维数组的引用就是从数组中获取想要的数据。

数组元素引用的一般形式为：

数组名[下标]

下标可以是整型常量或整型表达式。若为小数，则自动取整。

例如：

```
int a[9]={1,2,3,4,5,6,7,8,9};
a[0]=a[3]+a[5];
```

该程序段的结果是 a[0]=4+6=10。

注意： C 语言系统在编译时，不检查下标是否越界。因此，编写程序时一定注意下标的值不能超过数组的范围。若引用越界的下标变量（特别是给越界的数组元素赋值），则可能会导致严重的后果。

【例 6.1】一维数组元素的赋值与逆序输出。程序如下。

```
#include "stdio.h"
int main( )
{
    int i,a[10];
    for(i=0;i<=9;i++)
        a[i]=i;
    for(i=9;i>=0;i--)
        printf("%d",a[i]);
    return 0;
}
```

 任务实施

1．任务描述

（1）实训任务：计算学生的月平均消费额。

（2）实训目的：加深对数组概念的理解；练习使用一维数组。

（3）实训内容：宿舍之间开展的"节约消费大比拼"活动进行到一个阶段后，要计算学生的月平均消费额。请使用数组的知识编写程序计算每个学生的月平均消费额（每学期按 9 个月的在校时间进行统计）。

2．任务实施

（1）建议分组教学，4～6 人为一组，并选出组长。

（2）给出实施代码。

3．任务成果

（1）请给出个人运行结果。

（2）请总结任务实施过程中的重点、难点问题，以及收获。

 考核评价

1．主要评价标准

每次任务评价分数的总分为 10 分。

（1）任务完成及时。

（2）代码书写规范，程序运行效果正常。

（3）实施报告内容真实可靠，条理清晰，书写认真。

（4）没完成任务，根据完成度进行扣分，故意抄袭实施报告扣 5 分。

2．跟踪练习

编写程序输入并存储一个班 10 个学生某门课程的成绩，然后输出每个学生的成绩。

6.2 最高月消费的查找

 任务导入

在任务 6.1 中存储了一个学生 9 个月的消费额，并计算了该学生的平均消费额。本任务是查找该学生 9 个月中的最高消费额和最低消费额。

 任务分析

有了任务 6.1 的基础，本任务的实现相对简单，可以通过选择语句比较数组中的每个数据元素得到最高消费额和最低消费额。编写程序时要注意如何确定最高消费额和最低消费额的初始值。

 任务实施

1．任务描述

（1）实训任务：查找最高消费额和最低消费额。

（2）实训目的：加深对数组概念的理解；练习使用一维数组；掌握数组与循环语

句、选择语句相结合的用法。

（3）实训内容：在存储某个学生9个月消费额的同时，查找9个月中的最高消费额和最低消费额。

2．任务实施

（1）建议分组教学，4~6人为一组，并选出组长。

（2）给出实施代码。

3．任务成果

（1）给出个人运行效果。

（2）请总结任务实施过程中的重点、难点问题，以及收获。

 考核评价

1．主要评价标准

每次任务评价分数的总分为10分。

（1）任务完成及时。

（2）代码书写规范，程序运行效果正常。

（3）实施报告内容真实可靠，条理清晰，书写认真。

（4）没完成任务，根据完成度进行扣分，故意抄袭实施报告扣5分。

2．跟踪练习

在任务5.1中，李明和王晓用C语言编写了计算演唱得分的程序，现在对其进行改进。要求输入n个评委的打分，计算并输出每位选手的最后得分。计算方法为去除一个最高分和一个最低分，剩余分数的平均分为最终得分。

6.3　个人月消费排行

 任务导入

在任务6.2中，利用数组存储了某个学生9个月的消费额，并且查找了该学生9个月中的最高消费额和最低消费额。本任务将继续对数据进行处理，编写程序实现对9个月消费额从低到高的排序。

任务分析

分析此任务，首先要完成数组元素值的输入与存储，然后对其中的数据进行排序，最后将排序结果输出。

排序是本任务的重点内容。对数组元素进行排序的方法有选择排序法、冒泡排序法、二分插入排序法等，本任务介绍冒泡排序法。

假设数组共有n个元素，冒泡排序法的思路为：

S_0（第0步）：对n个数，从前向后，依次比较相邻的两个数，共比较n-1次，并将大数交换到后面，直到将最大的数移动到最后，此时最大的数在最后，1个数已经排好序。

S_1（第 1 步）：对前面的 n-1 个数，从前向后，依次比较相邻的两个数，共比较 (n-1)-1=n-2 次，并将大数交换到后面，直到将次大的数移动到倒数第 2 的位置，此时次大的数在倒数第 2 的位置，2 个数已经排好序。

依照上面的规律：

S_i（第 i 步）：对前面的 p=n-i 个数，从前向后，依次比较相邻的两个数，共比较 (n-i)-1=n-i-1 次，并将大数交换到后面，直到将第 i+1 大的数移动到倒数第 i+1 的位置，此时，i+1 个数已经排好序。

S_{n-2}（第 n-2 步）：将最后 2 个数，进行比较（比较 1 次），将大数交换到后面。此时，所有的整数已经按照从小到大的顺序排列。

经过上述分析，可以得到以下结果：

（1）从完整的过程可以看出，排序的过程就是大数沉底的过程（或小数上浮的过程），总共进行了 n-2-0+1=n-1 次，整个过程中的每个步骤都基本相同，可以考虑用循环结构实现（外层循环）。

（2）从每个步骤看，相邻两个数比较、交换的过程是从前向后进行的，也是基本相同的，共进行了 n-i-1 次，也考虑用循环结构实现（内层循环）。

（3）为了便于算法的实现，使用一维数组存放这 9 个整型数据，排序过程中数据始终在原数组中（原地操作，不占用额外的空间），程序结束后，结果也在原数组中。

 任务实施

1. 任务描述

（1）实训任务：对一个学生 9 个月的消费额进行排序。

（2）实训目的：加深对数组概念的理解；练习使用一维数组；加深对冒泡排序法的理解；掌握数组与循环语句、选择语句相结合的用法。

（3）实训内容：请编写程序对一个学生 9 个月的消费额进行排序，要求从低到高进行排序，最终生成个人的月消费排行。

2. 任务实施

（1）建议分组教学，4～6 人为一组，并选出组长。

（2）给出实施代码。

3. 任务成果

（1）请给出个人运行效果。

（2）请总结任务实施过程中的重点、难点问题，以及收获。

 考核评价

1. 主要评价标准

每次任务评价分数的总分为 10 分。

（1）任务完成及时。

（2）代码书写规范，程序运行效果正常。

（3）实施报告内容真实可靠，条理清晰，书写认真。

（4）没完成任务，根据完成度进行扣分，故意抄袭实施报告扣 5 分。

2. 跟踪练习

请使用选择排序法对一个学生 9 个月的消费额进行排序。

选择排序（selection sort）是一种简单直观的排序算法。它的工作原理是每次从待排序的数据元素中选出最小（或最大）的元素，存放在序列的起始位置，然后，从剩余未排序的数据元素中继续寻找最小（或最大）的元素，将其放到已排序序列的末尾。以此类推，直到全部待排序的数据元素排列完毕。

6.4　宿舍成员月消费数据的存储

 任务导入

一人节约不是节约，大家一起行动才能形成良好的节约风气，杜绝浪费的发生。只有学生个人、宿舍和班级之间形成合力，大家共同行动，才能推动学校"浪费可耻、节约为荣"新风尚环境的形成。

在学校开展的"节约消费大比拼"活动中，宿舍成员之间将进行月消费的统计，通过对比可以更好地厉行节俭，让节俭的风气成为日常。本任务将以一个宿舍为统计单元，统计同一个宿舍的所有成员的月消费数据。假设一个宿舍 6 个学生 9 个月的消费数据如表 6-1 所示，要求用 C 语言编写程序存储每个学生的消费数据。

表 6-1　消费数据表

学生序号	2 月	3 月	4 月	5 月	6 月	9 月	10 月	11 月	12 月
0	854	769	942	835	867	798	756	689	743
1	876	824	851	795	691	910	781	723	698
2	812	806	758	865	783	935	840	688	726
3	778	768	758	698	672	854	782	732	699
4	885	832	795	743	950	895	886	751	709
5	812	768	781	723	803	756	743	719	699

 任务分析

前面任务中统计每个学生 9 个月的消费数据，可以借助一维数组进行存储和处理。本任务涉及同一个宿舍的 6 个学生，同时每个学生又有 9 个月的消费数据，因此对于此类问题可以使用二维数组来解决。

表 6-1 中的数据可以简化成如图 6-1 所示的排列，此排列和数学中的矩阵很相似。在 C 语言中，一维数组相当于矩阵的一行，每行又可以使用一组数组来表达，这就构成了二维数组。

$$\begin{pmatrix} 854 & 769 & 942 & 835 & 867 & 798 & 756 & 689 & 743 \\ 876 & 824 & 851 & 795 & 691 & 910 & 781 & 723 & 698 \\ 812 & 806 & 758 & 865 & 783 & 935 & 840 & 688 & 726 \\ 778 & 768 & 758 & 698 & 672 & 854 & 782 & 732 & 699 \\ 885 & 832 & 795 & 743 & 950 & 895 & 886 & 751 & 709 \\ 812 & 768 & 781 & 723 & 803 & 756 & 743 & 719 & 699 \end{pmatrix}$$

图 6-1 消费数据表转换排列图示

本任务可以用行表示学生的序号，用列表示每个学生 9 个月的消费。因此，通过对二维数组进行操作可以统计宿舍成员的消费情况。

 相关知识

6.4.1 二维数组的定义

1. 二维数组的定义

类型说明 数组名[整型常量表达式 1] [整型常量表达式 2]；

例如：

int a[3][4];

定义了一个二维的整型数组 a，有 3 行 4 列，一共 12 个元素。分别为：

```
a[0][0]  a[0][1] a[0][2] a[0][3]
a[1][0]  a[1][1] a[1][2] a[1][3]
a[2][0]  a[2][1] a[2][2] a[2][3]
```

2. 说明

（1）类型说明、数组名和整型常量表达式的含义与一维数组相同。

（2）二维数组的下标也是从 0 开始的。二维数组中整型常量表达式 1 表示有多少行，整型常量表达式 2 表示有多少列。数组元素的存储是按行存放的，即内存中先按顺序存放第一行的元素，再按顺序存放第二行的元素。整型二维数组 a[3][4]的存储情况如图 6-2 所示。

a[0]行				a[1]行				a[2]行			
a[0][0]	a[0][1]	a[0][2]	a[0][3]	a[1][0]	a[1][1]	a[1][2]	a[1][3]	a[2][0]	a[2][1]	a[2][2]	a[2][3]

图 6-2 整型二维数组 a[3][4]的存储情况

6.4.2 二维数组的初始化和赋值

1. 二维数组的初始化

可以在定义二维数组的同时对其进行初始化，也可以在定义完成以后再单独赋值；可以按行分段初始化，也可以按行连续初始化；可以全部初始化，也可以部分初始化。

（1）按行分段初始化。

```
int a[3][4]={{3,2,5,0},{4,3,8,1},{5,0,3,9}};
```

（2）按行连续初始化。

```
int a[3][4]={3,2,5,0,4,3,8,1,5,0,3,9};
```

（3）对部分元素初始化。

```
int a[3][4]={{3},{4},{5}};   //只对a[0][0]、a[1][0]、a[2][0] 3个元素初始化
int a[3][4]={{3},{4,3}};     //只对a[0][0]、a[1][0]、a[1][1] 3个元素初始化
```

（4）在定义二维数组时初始化，允许省略其行数。但是在定义时不可省略其列数。

```
int a[][4]={{3,2,5,0},{4,3,8,1},{5,0,3,9}; //等价于int
a[3][4]={{3,2,5,0},{4,3,8,1},{5,0,3,9}};
int a[][4]= {{3,2 },{4},{5,0,3,9}}; //等价于int
a[3][4]={{3,2,0,0},{4,0,0,0},{5,0,3,9}};
```

2. 二维数组的赋值

（1）数组在赋值时通常结合循环结构给数组元素赋值。例如：

```
int i,a[3][4];
for(i=0;i<3;i++)
    for(j=0;j<4;j++)
        a[i][j]=2*i;
```

（2）也可以借助输入语句结合循环结构给二维数组赋值。例如：

```
int i,a[3][4];
for(i=0;i<3;i++)
    for(j=0;j<4;j++)
        scanf("%d",&a[i]);
```

6.4.3　二维数组的引用

二维数组的元素也是通过数组名和下标来引用的。引用的一般形式为：

```
数组名[下标][下标]
```

因为访问二维数组的元素时，涉及两个下标，所以对二维数组的操作通常和二重循环结合。

【例 6.2】编写程序实现，定义整型二维数组 a[3][3]，并对各元素进行赋值和输出。

```
#include<stdio.h>
int main()
{
    int i,j;
    int a[3][3];
    for(i=0;i<3;i++)
        for(j=0;j<3;j++)
            scanf("%d",&a[i][j]);
    for(i=0;i<3;i++)
    {
        for(j=0;j<3;j++)
```

```
            printf("%d\t",a[i][j]);
        printf("\n");
    }
    return 0;
}
```

例 6.2 程序的运行结果如图 6-2 所示。

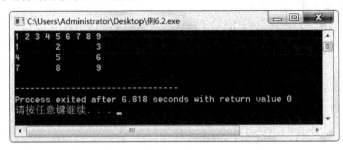

图 6-2　例 6.2 程序的运行结果

 任务实施

1. 任务描述

（1）实训任务：存储一个宿舍中所有成员的月消费数据。

（2）实训目的：加深对数组概念的理解；掌握二维数组的用法；掌握数组与循环语句、选择语句相结合的用法。

（3）实训内容：6 个学生 9 个月的消费数据如表 6-1 所示，要求用 C 语言编写程序，通过键盘输入每个学生的消费数据并存储，可参考图 6-3。

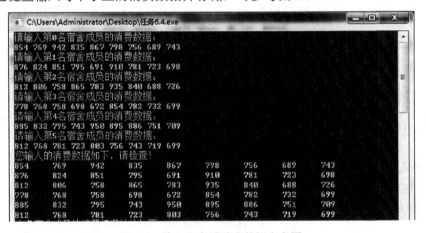

图 6-3　输入和存储消费数据参考图

2. 任务实施

（1）建议分组教学，4～6 人为一组，并选出组长。

（2）给出实施代码。

3. 任务成果

（1）给出个人运行效果。

（2）请总结任务实施过程中的重点、难点问题，以及收获。

 考核评价

1. 主要评价标准

每次任务评价分数的总分为 10 分。

（1）任务完成及时。

（2）代码书写规范，程序运行效果正常。

（3）实施报告内容真实可靠，条理清晰，书写认真。

（4）没完成任务，根据完成度进行扣分，故意抄袭实施报告扣 5 分。

2. 跟踪练习

从键盘输入一个 3 行 4 列的整型矩阵，将其转置后输出。可以参考图 6-4 编写程序。

图 6-4　矩阵图示

6.5　宿舍成员月消费节俭大评比

 任务导入

在任务 6.4 中完成了对宿舍成员月消费数据的存储，本任务将对宿舍成员的消费数据进行统计并比较，让大家能够看到自己和同伴厉行节约的结果，从而审视自己的消费，督促宿舍成员之间相互学习、相互鼓励。

本任务仍然根据任务 6.4 中的数据编写程序，要求统计每个学生的消费总额、平均消费额、最低消费额和最高消费额，并找出 6 个学生中的月消费最低者和平均消费最低者。

 任务分析

本任务除需要使用 6 行 9 列的数组存储学生的消费数据外，还需要借助一维数组来存储每个学生的消费总额、平均消费额、最低消费额和最高消费额，再借助两个变量来

存储所有学生的最低月消费额和所有学生的最低平均消费额。

定义：

a[6][9]存储 6 个学生 9 个月的消费数据；

sum[6]存储 6 个学生的消费总额；

ave[6]存储 6 个学生的平均消费额；

min[6]存储 6 个学生的最低消费额；

max[6]存储 6 个学生的最高消费额；

minmonth 存储所有学生的最低月消费额；

avemin 存储所有学生的最低平均消费额。

 拓展提高

当数组元素的下标在 2 个或 2 个以上时，该数组为多维数组，其中以二维数组最常用。

定义多维数组：

类型说明符　数组名[整型常量1][整型常量2]…[整型常量n]

如 int a[2][3][4]定义了一个整型的三维数组，元素共有 2×3×4=24（个）。

说明：

多维数组在三维空间中不能用形象的图形表示。多维数组在内存中排列的规律是第一维的下标变化最慢，最右边的下标变化最快。

多维数组元素的引用：

数组名[下标1]　[下标2]　…[下标k]

 任务实施

1．任务描述

（1）实训任务：对宿舍成员的消费数据进行评比。

（2）实训目的：加深对数组概念的理解；掌握二维数组的用法；掌握数组与循环语句、选择语句相结合的用法。

（3）实训内容：本任务仍然根据任务 6.4 中的数据编写程序，要求统计每个学生的消费总额、平均消费额、最低消费额和最高消费额，并找出 6 个学生中的月消费最低者和平均消费最低者。

2．任务实施

（1）建议分组教学，4～6 人为一组，并选出组长。

（2）给出实施代码。

3．任务成果

（1）请给出个人运行效果。

（2）请总结任务实施过程中的重点、难点问题，以及收获。

 考核评价

1. 主要评价标准

每次任务评价分数的总分为 10 分。

（1）任务完成及时。

（2）代码书写规范，程序运行效果正常。

（3）实施报告内容真实可靠，条理清晰，书写认真。

（4）没完成任务，根据完成度进行扣分，故意抄袭实施报告扣 5 分。

2. 跟踪练习

请继续对任务 5.1 进行改进，若有 m 个选手参赛，有 n 个评委打分，要求按从大到小的顺序输出参赛选手的最后得分。计分方法为去掉一个最高分和一个最低分，剩余分数的平均分为最后得分。

6.6　移位替换实现字符加密

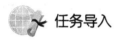 任务导入

在日常生活中会遇到许多涉及密码的问题，如银行卡密码、门禁卡密码等，为了保密，通常会对密码进行加密存储。本任务将借助字符数组存储一串字符，并对其进行移位加密。

 任务分析

此任务涉及的主要操作包括：

输入：一串字符。

加密变化：将其中的字符通过移位进行加密。此步是关键，通过不同的移位数，可以实现多种加密方法。

输出：加密后的字符。

 相关知识

6.6.1　字符数组

字符数组是存放字符型数据的数组，其中的每个数组元素都是单个字符。一维字符数组可以存放一个字符串，字符数组名代表字符串在内存中的起始地址。一维字符数组的长度至少要比字符串的长度多 1，这是因为字符串的结束标志 "\0" 也要存放在字符数组中。二维字符数组可以存放多个字符串。

1. 字符数组的定义

一维字符数组的定义：

```
char 数组名[常量表达式]
```

二维字符数组的定义：

char 数组名[常量表达式1][常量表达式2]

2. 字符数组的初始化

字符数组的初始化方式与其他类型数组的初始化方式类似。

（1）逐个元素赋初值。如 char s[5]={ 'C', 'h', 'i', 'n', 'a'}。

（2）若初值的个数多于数组元素的个数，则按语法错误处理。

（3）若初值的个数少于数组元素的个数，则 C 语言的编译系统会自动将未赋值的元素定为空字符。

（4）若省略数组的长度，则系统会自动根据初值的个数来确定数组的长度。如系统会将 char s[]={'C', 'h', 'i', 'n', 'a'}的长度自动设定为 5。

（5）按字符串的形式赋初始值。如 char s[]={"China"}等价于 char s[]="China"。

注意：用字符串赋值比用字符逐个赋值多占一字节，该字节用于存放字符串结束标志 "\0"。上面的数组 s 在内存中的实际存放情况为：

C	h	i	n	a	\0

"\0" 是由 C 语言的编译系统自动加上的，因此在用字符串赋初值时一般无须指定数组的长度，系统会自行处理。

6.6.2 字符数组元素的引用

字符数组元素的引用和一般数组元素的引用一样，既可以通过单独引用数组元素来操作字符数组，也可以借助字符串操作符 "%s" 来操作整个字符数组。

【例 6.3】使用循环结构控制字符数组元素的输出。程序如下。

```c
int main( )
{
    int i,j;
    char a[2][5]={{'C','H','I','N','A',},{'P','R','O','U','D'}};
    for(i=0;i<2;i++)
        {for(j=0;j<5;j++)
                printf("%c",a[i][j]);
                printf("\n");
        }
    return 0;
}
```

例 6.3 程序的运行结果如图 6-5 所示。

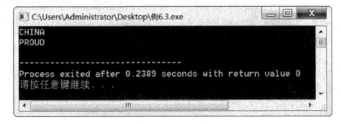

图 6-5　例 6.3 程序的运行结果

【例 6.4】使用 scanf()函数输入字符串。程序如下。

```
int main( )
{
    char s[15];
    printf("请输入字符串：\n");
    scanf("%s",s);
    printf("%s\n",s);
    return 0;
}
```

例 6.4 程序的运行结果如图 6-6 所示。

图 6-6　例 6.4 程序的运行结果

注意：当使用 scanf()函数输入字符串时，字符串中不能含有空格，因为空格会被当作是字符串的结束符。因此上例中，只输出了"Be"，空格后面的字符没有放入数组中，为了解决上述问题可以使用前面任务讲的 gets()函数来输入字符串。如果要使用 scanf()函数，就需要多定义几个字符数组分段存储含有空格的字符串，程序如下所示。

```
int main( )
{
    char s1[3],s2[2],s3[6],s4[7];
    printf("请输入字符串：\n");
    scanf("%s%s%s%s",s1,s2,s3,s4);
    printf("%s %s %s %s\n",s1,s2,s3,s4);
    return 0;
}
```

程序的运行结果如图 6-7 所示。

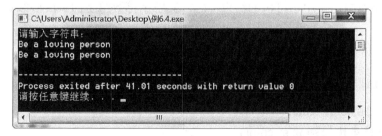

图 6-7　程序的运行结果

6.6.3　字符串常用函数

在使用字符串的过程中，通常会借助字符数组。使用字符数组的时候经常会用到一些常用的字符串处理函数，在程序中使用字符串处理函数时，需要在程序的开头使用编译处理命令：#include<string.h>或#include "string.h"。

1. 求字符串长度函数 strlen()

一般格式：

```
strlen(字符串或字符数组);
```

功能：求字符串的长度，不包括字符串结束标志。其中函数的返回值为字符串的长度。例如：

```
char ch[9]= "chinese";
int i,j;
i=strlen("china");
j=strlen(ch);
```

则 i 的值为 5，j 的值为 8。

2. 字符串拷贝函数 strcpy()

一般格式：

```
strcpy(字符数组1,字符串或字符数组2);
```

功能：将字符串或字符数组 2 中的字符串复制到字符数组 1 中。其中字符数组 1 的长度必须大于字符串的长度，并且不小于字符数组 2 的长度，字符数组 2 中必须存放有字符串。例如：

```
char str1[9]= "chinese",str2[6]= "china";
strcpy(str1,str2);
printf("%s",str1);
```

其输出结果为：china。

3. 字符串连接函数 strcat()

一般格式：

```
strcat(字符数组1,字符串或字符数组2);
```

功能：将字符串或字符数组 2 中的字符串连接到字符数组 1 中字符串的后面，并且自动删除字符数组 1 中字符串的结束标志。其中字符数组 1 的长度必须足够大。

例如：

```
char str1[20]="chinese",str2[6]="china";
strcat(str1,str2);
printf("%s",str1);
```

其输出结果为：chinesechina。

4. 字符串比较函数 strcmp()

一般格式：

```
strcmp(字符串1或字符数组1,字符串2或字符数组2);
```

功能：比较两个字符串是否相同。

比较过程：从两个字符串的第一个字符开始比较两个字符 ASCII 码的值，直到出现不同字符或字符串结束标志"\0"为止。

若两个字符串完全相同，则函数的返回值为 0。

若字符串 1>字符串 2，则函数的返回值为 1。

若字符串 1<字符串 2，则函数的返回值为-1。

例如：

```
char str1[10]="chinese",str2[6]="china";
int k;
k=strcmp(str1,str2);
printf("%d",k);
```

其输出结果为：1。

【例 6.5】为了保证信息的安全，大多数系统都会包含用户登录模块，要求编写程序实现用户登录功能，只有输入正确的用户名和密码才能进行相应的操作。

分析：由于用户名和密码是字符串，因此可以借助字符数组存放原密码及用户名，用户名和密码的正确性可以借助字符串比较函数 strcmp()来验证。

```
#include <stdio.h>
#include <string.h>
int main()
{
    char s1[20],s2[20];
    char user[]="chello",password[]="dykj@2021";
    int r1,r2;
    printf("欢迎登录学生管理系统！\n");
    while(1)
    {
        printf("请输入用户名：");
        gets(s1);
        printf("请输入密码：");
        gets(s2);
        r1=strcmp(s1,user);
        r2=strcmp(s2,password);
        if(r1==0 && r2==0)
        {
            printf("用户名与密码正确，登录成功！\n");
            break;
        }
        else
            printf("用户名或密码错误，请重新输入！\n");
    }
    return 0;
}
```

例 6.5 程序的运行结果如图 6-8 所示。

图 6-8　例 6.5 程序的运行结果

 任务实施

1. 任务描述

（1）实训任务：对字符进行移位替换。

（2）实训目的：加深对字符数组概念的理解；掌握字符数组及常用字符串函数的用法；掌握字符数组与循环语句、选择语句相结合的用法。

（3）实训内容：在日常生活中会遇到许多涉及密码的问题，如银行卡、门禁卡等，为了提高保密性，通常会对密码进行变化存储。本任务要求利用字符数组对从键盘录入的一串字符进行移位加密。可以参考图 6-9 编写程序。

图 6-9　字符加密效果图

2. 任务实施

（1）建议分组教学，4～6 人为一组，并选出组长。

（2）请给出个人实施代码。

3. 任务成果

（1）请给出个人运行效果。

（2）请总结任务实施过程中的重点、难点问题，以及收获。

 考核评价

1. 主要评价标准

每次任务评价分数总分为 10 分。

（1）任务完成及时。

（2）代码书写规范，程序运行效果正常。

（3）实施报告内容真实可靠，条理清晰，书写认真。

（4）没完成任务，根据完成度进行扣分，故意抄袭实施报告扣 5 分。

2. 跟踪练习

将一个一维字符数组中的字符首尾互换后输出。

项目小结

本项目主要介绍了数组这一特殊的数据结构。数组在处理较多数据的时候非常有优势，借助数组可以快速地对数据进行统计和分析。前 5 个任务详细介绍了一维数组、二维数组的使用方法。数组在使用时遵循先定义、后使用的原则。数组不

扫码查看任务示例源码

能整体引用，一般通过数组下标来访问数组元素，此外，借助循环结构语句可以更加方便地访问数组元素。

任务 6.6 详细介绍了字符数组的使用方法。字符串是数组处理的主要对象，可以用字符串处理函数来处理字符串的复制、比较、连接等操作。

同步训练

一、思考题

字符串和字符数组的区别是什么？

二、单项选择题

1. 在 C 语言中引用数组元素时，其数组下标的数据类型是（　　）。

A. 整型常量　　　　　　　　　　　B. 整型表达式

C. 整型常量或整型表达式　　　　　D. 任何类型的表达式

2. 以下对一维整型数组 a 的正确声明是（　　）。

A. int a(10) ;　　　　　　　　　　B. int n=10,a[n];

C. int n; scanf("%d",&n); int a[n];　　D. #define SIZE 10 int a[SIZE];

3. 以下能对一维数组 a 进行正确初始化的语句是（　　）。

A. int a[10]={0,0,0,0,0};　　　　　B. int a[10]={} ;

C. int a[ ] = {0} ;　　　　　　　　D. int a[10]={10*1} ;

4. 若有定义 int a[3][4]，则对数组元素的正确引用是（　　）。

A. a[2][4]　　　　B. a[1][3]　　　　C. a(5)　　　　D. a[10-10]

5. 以下不能对二维数组 a 进行正确初始化的语句是（　　）。

A. int a[2][3]={0} ;　　　　　　　B. int a[][3]={{1,2},{0}} ;

C. int a[2][3]={{1,2},{3,4},{5,6}} ;　D. int a[][3]={1,2,3,4,5,6} ;

6. 若有说明 int a[][4]={0,0}，则下面不正确的叙述是（　　）。

A. 数组 a 的每个元素都可以得到初值 0

B. 二维数组 a 中第一维数据的大小为 1

C. 因为二维数组 a 中第二维数据的大小除以初值个数的商为 1，所以数组 a 的行数为 1

D. 只有元素 a[0][0]和 a[0][1]可以得到初值 0，其余元素均得不到初值 0

7. 若有说明 int a[][3]={1,2,3,4,5,6,7}，则数组 a 第一维的大小是（　　）。

A. 2　　　　　　　B. 3　　　　　　　C. 4　　　　　　　D. 无确定值

8. 下面程序段的输出结果是（　　）。

```
int k,a[3][3]={1,2,3,4,5,6,7,8,9};
for (k=0;k<3;k++) printf("%d",a[k][2-k]);
```

A. 3 5 7　　　　　B. 3 6 9　　　　　C. 1 5 9　　　　　D. 1 4 7

9. 下面是对 s 的初始化，其中不正确的是（　　）。

A. char s[5]={ "abc"};　　　　　　　B. char s[5]={ 'a', 'b', 'c'};

C. char s[5]= " ";　　　　　　　　　D. char s[5]= "abcdef ";

10. 下面程序段的输出结果是（　　）。

```
char c[5]={ 'a', 'b', '\0', 'c', '\0'}
printf("%s",c);
```

A. 'a"b'　　　　　B. ab　　　　　　　C. ab c　　　　　　D. abc

11. 有两个字符数组 a 和 b，以下正确的输入语句是（　　）。

A. gets(a,b);　　　　　　　　　　　B. scanf("%s%s",a,b);

C. scanf("%s%s",&a,&b);　　　　　　D. gets("a"),gets("b");

12. 判断字符串 a 和 b 是否相等，应当使用（　　）。

A. if (a==b)　　　　　　　　　　　B. if (a=b)

C. if (strcpy(a,b))　　　　　　　　　D. if (strcmp(a,b))

13. 下面有关字符数组的描述中错误的是（　　）。

A. 字符数组可以存放字符串

B. 字符串可以整体输入、输出

C. 可以在赋值语句中通过赋值运算对字符数组整体赋值

D. 不可以用关系运算符对字符数组中的字符串进行比较

三、填空题

1. 若有定义 double x[3][5]，则 x 数组中行下标的下限为____，列下标的下限为____。

2. 若有定义 int a[3][4]={{1,2},{0},{4,6,8,10}}，则初始化后，a[1][2]的值为____，a[2][1]的值为____。

3. 字符串"ab\n\\012\\"的长度是____。

4. 欲将字符串 S1 复制到字符串 S2 中，其语句是____。

5. 字符串是以____为结束标志的一维字符数组。

四、程序阅读题

1. 写出下面程序的运行结果。

```
int main ( )
{ int i=0;
  char a[ ]= "abm", b[ ]= "aqid", c[10];
  while (a[i]!= '\0' && b[i]!= '\0')
    { if (a[i]>=b[i]) c[i]=a[i]-32 ;
      else c[i]=b[i]-32 ;
      i++;
      }
  c[i]='\0';
  puts(c);
return 0;
}
```

2. 当运行下面程序时，从键盘上输入７４８９１５ ✓，请写出程序的运行结果。

```
int  main ( )
{ int a[6],i,j,k,m;
  for (i=0 ; i<6 ; i++)
    scanf ("%d",&a[i]);
  for (i=5 ; i>=0; i--)
    {k=a[5];
    for (j=4; j>=0; j--)
    a[j+1]=a[j] ;
    a[0]=k;
    for (m=0 ; m<6 ; m++)
          printf("%d",a[m]);
    printf("\n");
          }
  return 0;
  }
```

五、程序填空题

1. 下面程序可以求出矩阵 a 的主对角线上的元素之和，请填【1】【2】使程序完整。

```
int main ( )
{ int a[3][3]={1,3,5,7,9,11,13,15,17} , sum=0, i, j ;
  for (i=0 ; i<3 ; i++)
    for (j=0 ; j<3 ; j++)
      if (【 1 】)
        sum=sum+ 【 2 】;
  printf("sum=%d",sum);
  return 0;
}
```

2. 下面程序的功能是在一个字符串中查找一个指定的字符，若字符串中包含该字符则输出该字符在字符串中第一次出现的位置（下标值），否则输出-1，请填【1】【2】使程序完整。

```
int main ( )
{ char c='a' ; /* 需要查找的字符 */
  char t[50] ;
  int i,j,k;
  gets(t) ;
  i = 【 1 】 ;
  for (k=0; k< k++)>
   if ( 【 2 】 )
      { j = k ; break ;}
    else j=-1;
  printf("%d",j);
  return 0;
}
```

3. 以下程序是将字符串 b 连接到字符数组 a 的后面，形成新字符串 a，请填【1】【2】使程序完整。

```
int main ( )
{ char a[40]= "Great", b[ ]= "Wall";
  int i=0,j=0 ;
  while (a[i]!= '\0') i++ ;
  while ( 【 1 】 ) {
   a[i]=b[j] ; i++ ; j++ ;
  }
  【 2 】 ;
  printf("%s\n",a);
  return 0;
}
```

六、编程题

1. 有一个已经排好序的数组，现输入一个数，要求按原来排序的规律将它插入数组中。

2. 对 3 个人的 4 门课程分别按人和科目求平均成绩，并输出包括平均成绩的二维成绩表。

3. 将一个数组中的值按逆序重新存放。例如，将顺序为 8、6、5、4、1 的数组改为顺序为 1、4、5、6、8 的数组。

项目7 甘做老二的函数

项目引入

前面已经学习了如何编写一些简单的 C 语言程序，但随着程序规模的增大，语句越来越多，如果仍然将所有语句都写在同一个 main()函数中，那么程序的编写、阅读、调试、修改将会变得很困难。

另外，如果语句都在 main()函数中，那么一个程序只能用在一个项目中，因此程序的复用性特别差，开发团队之间的协作也将变得非常困难。

模块化程序设计思想可以解决以上问题。所谓模块化程序设计思想就是将程序分解为若干个模块，每个模块实现一个独立的功能，在 C 语言中，可以通过函数来实现。模块化程序设计思想如同"组装"计算机一样，事先生产好电源、CPU、主板、内存等各种部件，然后将他们组装在一起。

学习目标

1. 知识目标

（1）掌握 C 语言中函数的定义及调用方法。

（2）理解函数的递归调用过程。

（3）理解变量的作用域及存储类型。

2. 能力目标

（1）能够根据程序的需要进行函数的定义和调用。

（2）能够合理使用参数，掌握函数调用时参数传递的规律。

（3）能够运用模块化程序设计思想解决实际问题。

3. 素质目标

（1）培养学生提出问题、分析问题和解决问题的能力。

（2）培养学生独立思考的能力。

7.1 营养早餐你决定

 **任务导入**

王明和李晓在任务 3.1 中利用顺序结构实现了输出菜单的功能。学习了函数的思想后，两人决定利用自定义函数实现对营养早餐的选择。

任务分析

程序中可以通过调用不同的函数实现对营养早餐的选择。

 **相关知识**

函数是实现特定功能的代码段，是模块化程序设计的需要，使用函数的目的是提高程序的复用性。前面项目中已经使用了 C 语言中的部分库函数，如 printf()、scanf()、gets()等，它们由标准的 C 语言系统提供，用户可以直接调用。

本任务介绍需要用户自定义的函数。

7.1.1　函数概述

程序实现的方法主要有两种：一体化和模块化。一体化是前面项目中采用的方法，即直接将常量、语句等多个部分堆积成需要的程序。模块化程序设计思想最重要的一点就是把一个复杂的问题分解成多个小而独立的问题，即把一个复杂的程序按功能分为若干个模块，每个模块独立完成一部分的程序功能。模块化程序设计只需要编制多个模块，并把每个模块编写成函数，然后通过函数间的相互调用，把函数组装成应用程序。如果程序中有需要修改的地方，那么只修改这个函数本身即可，调用函数的语句不必修改。

对于功能简单的小型程序，使用一体化的方式会更好；对于功能复杂的大型程序，使用模块化的方式会更好。对于成千上万行甚至百万行语句的程序，如果将这些语句都写在一起，即使机器不崩溃，程序员也会崩溃。因此，函数是非常重要的。

通常可以将函数从以下两个角度分类。

（1）从用户的角度，函数分为库函数和用户自定义函数。

库函数也称标准函数，由系统提供，用户可以直接调用。如 printf()、scanf()、gets()、sqrt()、strlen()等。

用户自定义函数是用户根据需要，自行设计的函数。

（2）从函数形式的角度，函数分为无参函数和有参函数。

函数的参数是被调函数运行时使用的由主调函数提供的数据。若被调函数在运行时不需要由主调函数提供数据，则称为无参函数，否则称为有参函数。

7.1.2　无参函数

1. 无参函数的定义

在 C 语言中，函数和变量一样，必须遵循"先定义、后使用"的原则。

无参函数定义的语法结构为：

```
返回值类型  函数名（）
{
    函数体；
}
```

说明：

（1）返回值类型：指定函数返回值的数据类型。若函数没有返回值，则用 void。

（2）函数名：指定函数的名称，是用户自定义的标识符。

（3）函数体：大括号"{ }"括起来的部分，用于实现该函数的功能。

【例 7.1】定义一个函数，求两个数中较大的数（使用无参函数）。程序如下。

```
void max( )
{    int a,b;
     scanf("%d%d",&a,&b);
     if (a>b)
          return a;
     else
          return b;
}
```

　2．无参函数的调用

在 C 语言中，每个程序有且只有一个 main()函数，当程序执行时，首先从 main()函数中的第一条有效语句开始，当 main()函数中的最后一条语句执行完毕后，程序也就结束了。main()函数可以调用其他函数，但其他函数不能调用 main()函数，所有函数都可以调用库函数。除 main()函数外，如果不考虑函数的功能和逻辑，其他函数之间就没有主从关系。

调用无参函数的语法结构：

```
函数名();
```

【例 7.2】无参函数的调用举例。

```
#include <stdio.h>
 void hello( )
{    printf("亲爱的同学，我是无参函数的调用例题。");
}
int main( )
{    hello( );
     return 0;
}
```

例 7.2 程序的运行结果如图 7-1 所示。

图 7-1　例 7.2 程序的运行结果

7.1.3　函数声明

在前面的例子中，函数的定义都是在该函数被调用之前，如果函数的定义出现在被调用之后，就需要在函数被调用前进行函数声明。

函数声明的作用是把函数的信息提前通知编译系统，以便编译系统对程序进行编译时，检查被调用函数是否存在。

1. 函数声明的方法

函数定义时的首行称为函数原型，函数声明时只需在函数原型的后面加上 "；"，写在主调函数之前就可以，一般写在程序开始的位置。

例如：

```
void hello( );
int max(int a,int b);
```

编译系统在检查函数调用时要求函数类型、函数名、参数个数和参数顺序必须与函数声明一致。

2. 函数声明的位置

（1）如果函数声明在主调函数之前，那么该函数可以被声明之后出现的所有函数调用。

（2）如果函数声明在主调函数内部，那么该函数只能被主调函数调用。

 任务实施

1. 任务描述

（1）实训任务：营养早餐你决定。

（2）实训目的：加深对模块化程序设计思想的理解；加深对函数的理解；掌握函数定义、声明和调用的方法。

（3）实训内容：王明和李晓同学在任务 3.1 中利用顺序结构编程实现了输出菜单的功能。学习了函数的思想后，请利用无参函数编程实现对营养早餐的选择。可以参考图 7-2 编写程序。

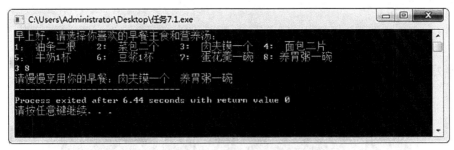

图 7-2　早餐选择效果图

2. 任务实施

（1）建议分组教学，4～6 人为一组，并选出组长。

（2）请给出实施代码。

3. 任务成果

（1）请给出个人运行效果。

（2）请总结任务实施过程中的重点、难点问题，以及收获。

 考核评价

1. 主要评价标准

每次任务评价分数的总分为 10 分。

（1）任务完成及时。

（2）代码书写规范，程序运行效果正常。

（3）实施报告内容真实可靠，条理清晰，书写认真。

（4）没完成任务，根据完成度进行扣分，故意抄袭实施报告扣 5 分。

2. 跟踪练习

通过调用无参函数实现任务 3.1 中菜单的制作。

7.2　计算今年已经过了多少天

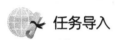 任务导入

课程学习到此，学期已过大半，距离期末考试越来越近，老师督促同学们好好学习，不要掉队，时常强调还有多少天就要期末考试了。王明和李晓两位同学想通过函数的调用来计算截止到今天，今年已经过了多少天，这样才能更好地把握时间，做到心中有数。

 任务分析

给定一个日期，根据年、月、日 3 个数据计算当天是本年度的第多少天，计算的方法应该是把前面所有月份的天数相加，再加上日的值就可以了。在计算前面月份的总天数时可能会涉及 2 月的天数，由于 2 月的天数涉及闰年和平年，因此需要判断给定的年是否是闰年。

通过分析可知，函数在定义的时候涉及闰年的判断和天数的计算。

 相关知识

本任务着重讲解有参函数的定义与调用。与无参函数相比，有参函数在定义时需要给出参数列表，在被调用时需要传入参数值。

7.2.1　有参函数的定义

定义有参函数的语法结构为：

返回值类型 函数名（形式参数类型 1 形式参数 1，形式参数类型 2 形式参数 2，…，形式参数类型 n 形式参数 n）

```
{
    函数体;
}
```

说明：形式参数可以是各种类型的变量，有多个形式参数时，形式参数之间用逗号分隔。

【例 7.3】定义一个函数，用于求两个数中较大的数（使用有参函数）。程序如下。

```
int max(int a, int b)
{
    if (a>b)
        return a;
    else
        return b;
}
```

7.2.2 有参函数的调用

1. 形式参数和实际参数

在定义有参函数时，函数名后面括号中的参数称为形式参数，简称形参。

在调用有参函数时，函数名后面括号中的参数称为实际参数，简称实参。

形参出现在函数的定义中，在整个函数体内部都可以使用，离开该函数则不能使用。实参出现在主调函数中。形参和实参的功能是传送数据。

2. 有参函数的调用

调用有参函数的语法结构是：

函数名（实参列表）；

【例 7.4】例 7.3 定义了函数 max()，用于求两个数中的较大数。现编写 main()函数调用 max()函数的程序。

```
#include <stdio.h>
int max(int a, int b);   //函数声明，max()函数在主调函数main()前，可以省略
int max(int a, int b)
{
    if (a>b)
        return a;
    else
        return b;
}
int main( )
{
    int c;
    c=max(5,23);
    printf("二者中的较大数为: %d",c);
    return 0;
}
```

例 7.4 程序的运行结果如图 7-3 所示。

图 7-3 例 7.4 程序的运行结果

3. 参数的传递方式

函数调用时，主调函数把实参的值传递给被调函数的形参，从而实现主调函数向被调函数的数据传递。

参数的传递方式有两种，值传递和地址传递。例 7.4 中的传递属于值传递。 max() 函数被调用时，系统为形参 a 和 b 开辟内存空间，并将实参的值 5 和 23 传递给 a 和 b，函数调用结束后，形参 a 和 b 的内存空间被立即释放。地址传递一般结合指针使用，将在项目 8 中进行讲解。

有关形参和实参的说明如下：

（1）形参变量只有在被调用时才分配内存空间，在调用结束时，即刻释放内存空间。

（2）实参可以是变量、常量、表达式、函数等，无论实参是何种类型，在被调用时都必须有确定的值，以便把这些值传递给形参。

（3）函数调用时，实参和形参在数量、顺序上相对应，类型上相匹配。

（4）函数调用中发生的数据传递是单向的。即只能把实参的值传递给形参，而不能把形参的值反向传递给实参。

4. 函数的返回值

函数的返回值是指函数被调用之后，返回给主调函数的值。函数的返回值只能通过 return 语句返回给主调函数。如果函数没有返回值，并且函数定义时的返回值类型为 void，那么函数体中不能使用 return 语句；如果函数有返回值，那么函数体中必须使用 return 语句。返回值的类型与函数定义时的函数类型应该一致，如果不一致，那么以函数类型为准，自动进行类型转换。

return 语句的一般形式：

```
return 表达式;
```

或

```
return (表达式);
```

return 语句用来退出函数回到主程序，程序从主调函数调用处往下继续运行。return 语句后可以不带任何数据，如"return;"。在函数中允许有多个 return 语句，但如果执行第一个 return 语句时函数停止，并且返回一个函数值，那么不再执行后面的 return 语句。

【例 7.5】定义一个函数来判断一个整数的符号。程序如下。

```
#include<stdio.h>
int sign(int x)
```

```
{
    if(x>0)        return 1;
    else
        if(x<0)  return -1;
        else      return 0;
}
int main()
{
    int x,s;
    printf("请输入一个整数：");
    scanf("%d",&x);
    s=sign(x);
    printf("该整数的符号为%d：",s);
    return 0;
}
```

例 7.5 程序运行时输入负数的结果如图 7-4 所示。

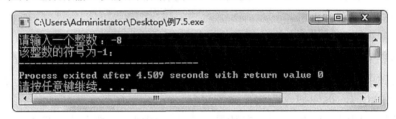

图 7-4   例 7.5 程序运行时输入负数的结果

5. 函数的参数类型

前面例题中函数的参数类型都是基本数据类型，实际上，函数的参数类型可以是任意的数据类型，包括数组、指针和结构体。

数组名作为函数参数时，不是值传递，不会把实参数组中每个元素的值都赋给形参数组中的各个元素。数组名是数组的首地址，数组名作为函数参数时进行的是地址的传递，也就是说把实参数组的首地址赋给形参数组名。形参数组名获得该首地址后，也就等于有了实实在在的数组。实际上，形参数组和实参数组为同一个数组，拥有同一段内存空间。数组名作为函数参数的传递方式称为地址传递，如图 7-5 所示。

图 7-5   数组名作为函数参数在调用过程中的参数传递

在图 7-5 中，设 a 为实参数组，类型为 int。a 占有以 2000 为首地址的一块内存空间；b 为形参数组名。当发生函数调用时，进行地址传递，把实参数组 a 的首地址传递给形参数组名 b[0]，于是 a 和 b 共同占用以 2000 为首地址的一块连续的内存空间。从图中还可以看出 a 和 b 下标相同的元素实际上也占用相同的内存空间（整型数组每个元素占 4 字节），例如，a[0]和 b[0]都分别占用 2000、2001、2002、2003 4 个内存单元。

【例7.6】数组 a 中存放了一个学生 5 门课程的成绩，求平均成绩。程序如下。

```
#include <stdio.h>
float aver(float a[5])
{
    int i;
    float average, sum=a[0];
    for(i=1; i<5; i++)
        sum += a[i];
    average = sum/5;
    return average;
}
int main()
{
    float scores[5], average;
    int i;
    printf("Input 5 scores:\n");
    for(i=0; i<5; i++)
        scanf("%f", &scores[i]);
    average = aver(scores);
    printf("Average score is %5.2f", average);
    return 0;
}
```

例 7.6 程序的运行结果如图 7-6 所示。

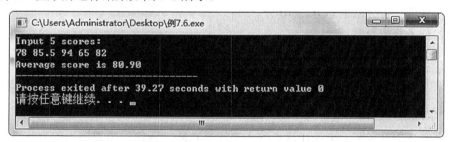

图 7-6 例 7.6 程序的运行结果

注意： 在形参中给出数组长度是没有意义的，因为编译器并不为它分配内存空间，所以将上面 aver()函数的形参改为 float a[1]、float a[10]依然是正确的。因此，现在一般不使用数组做函数参数，而是使用指针来代替，例 7.6 中的形参可修改为 float *a。

 任务实施

1. 任务描述

（1）实训任务：计算今年已经过了多少天。

（2）实训目的：加深对模块化程序设计思想的理解；加深对函数的理解；掌握有参函数定义、声明和调用的方法。

（3）实训内容：请利用有参函数编写一个 C 语言程序实现根据给定的日期计算该日期是当年的第多少天。可参考图 7-7 编写程序。

图 7-7　日期计算参考图

2. 任务实施

（1）建议分组教学，4～6 人为一组，并选出组长。

（2）请给出实施代码。

3. 任务成果

（1）请给出个人运行效果。

（2）请总结任务实施过程中的重点、难点问题，以及收获。

 考核评价

1. 主要评价标准

每次任务评价分数的总分为 10 分。

（1）任务完成及时。

（2）代码书写规范，程序运行效果正常。

（3）实施报告内容真实可靠，条理清晰，书写认真。

（4）没完成任务，根据完成度进行扣分，故意抄袭实施报告扣 5 分。

2. 跟踪练习

在任务 5.2 中实现了简易计算器的多次计算功能，请使用函数调用的方法改写任务 5.2 的程序。

7.3　求 n!

 任务导入

对于函数的调用，王明和李晓想到一个问题，函数能不能调用函数自己呢？答案是肯定的。本任务将通过求 n!来进行分析和讲解。

在 C 语言中，在一个函数的定义中出现对另一个函数的调用，称为函数的嵌套调用。一个函数在其函数体内调用它自己称为递归调用。直接调用自己称为直接递归调用，间接调用自己称为间接递归调用。因此，递归调用属于特殊的嵌套调用。

 任务分析

在函数的递归调用中为了防止自调用过程的无限循环，在函数体内必须设置终止调用条件。这种条件通常用 if 语句来控制，当条件成立时终止自调用过程，并使程序控制逐步从函数中返回。

设 fun(n)为求 n!的函数，根据题意可知：

fun(1)=1；

fun(2)=fun(1)*2；

fun(3)=fun(2)*3；

fun(4)=fun(4)*4；

fun(5)=fun(4)*5；

fun(6)=fun(5)*6。

因此，递归关系为 n!=n*(n−1)，递归调用终止条件为当 n=1 或 0 时，n!=1。

 相关知识

使用递归调用解决问题的关键是如何建立一个用子问题来表示原问题的模型，即递归关系；以及如何使递归调用结束，不至于无限制地调用下去，即给出递归调用终止条件。

（1）递归关系：用子问题来表示子问题与原问题的关系。它决定了递归调用过程和递推回代过程。

（2）递归调用终止条件：利用已知有解的、不用再分解的子问题决定递归调用的结束。

 任务实施

1．任务描述

（1）实训任务：求 n!。

（2）实训目的：加深对函数嵌套的理解；掌握函数嵌套调用的方法。

（3）实训内容：请编写程序，利用函数嵌套求 n!。可参考图 7-8。

图 7-8　n!计算参考图

2．任务实施

（1）建议分组教学，4～6 人为一组，并选出组长。

（2）请给出实施代码。

3．任务成果

（1）给出个人运行效果。

（2）请总结任务实施过程中的重点、难点问题，以及收获。

 考核评价

1. 主要评价标准

每次任务评价分数的总分为 10 分。

（1）任务完成及时。

（2）代码书写规范，程序运行效果正常。

（3）实施报告内容真实可靠，条理清晰，书写认真。

（4）没完成任务，根据完成度进行扣分，故意抄袭实施报告扣 5 分。

2. 跟踪练习

一群猴子摘了一堆桃子，它们每天都吃当前桃子的一半且多一个，到了第十天就只剩一个桃子，利用函数嵌套编写程序计算这群猴子共摘了多少个桃子。

7.4 你的权力有多大

 任务导入

前面提到形参变量只有在被调用时才分配内存空间，调用结束立即释放内存空间。这一点表明形参变量只有在函数内才是有效的，离开该函数就不能使用了。这种变量的有效性范围称为变量的作用域，C 语言中所有的变量都有自己的作用域。请分析下面程序中变量的作用域。

```c
#include <stdio.h>
int n = 10;                    //全局变量
void func1( )
{
    int n = 20;                //局部变量
    printf("func1 n: %d\n", n);
}
void func2(int n)
{
    printf("func2 n: %d\n", n);
}
void func3( )
{
    printf("func3 n: %d\n", n);
}
int main( )
{
    int n = 30;                //局部变量
    func1( );
    func2(n);
    func3( );
    //代码块由{}包围
    {
        int n = 40;            //局部变量
```

```
        printf("block n: %d\n", n);
    }
    printf("main n: %d\n", n);
    return 0;
}
```

 任务分析

分析以上程序可知，变量 n 出现的位置不同，这就涉及变量的作用域。

 相关知识

C 语言中的所有变量都有自己的作用域，变量说明的方式、位置不同，其作用域也不同。

在 C 语言中，变量按作用域范围可以分为局部变量和全局变量两种。按变量的作用时间（生存周期）可以分为使用静态存储方式的变量和使用动态存储方式的变量。

7.4.1 局部变量和全局变量

1. 局部变量

局部变量也称内部变量，是指在函数内定义的变量，它的作用域是本函数内，离开该函数后再使用这种变量是非法的。此外，在函数内的复合语句内定义的变量也是局部变量，它的作用域是在复合语句内。例如：

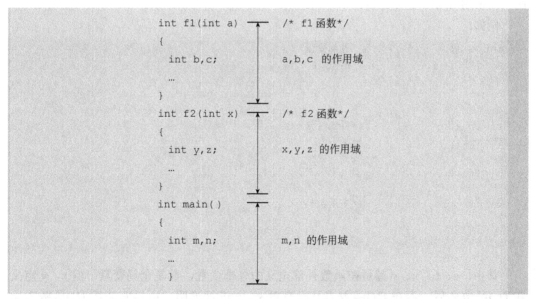

在 f1()函数 内定义了 3 个变量，a 为形参，b、c 为一般变量。在 f1()函数的范围内 a、b、c 有效，或者说 a、b、c 变量的作用域在 f1()函数 内。同理，x、y、z 的作用域在 f2()函数内。m、n 的作用域在 main()函数内。关于局部变量的作用域还要说明以下几点。

（1）主函数中定义的变量只能在主函数中使用，不能在其他函数中使用。同时，主函数中也不能使用其他函数中定义的变量。因为主函数也是一个函数，它与其他函数是平行关系。这一点是与其他编程语言不同的，应予以注意。

（2）形参变量属于被调函数的局部变量，实参变量属于主调函数的局部变量。

（3）允许在不同的函数中使用相同的变量名，它们代表不同的对象，占用不同的内存空间，互不干扰，也不会发生混淆。

（4）在复合语句中也可以定义变量，其作用域只在复合语句范围内。例如：

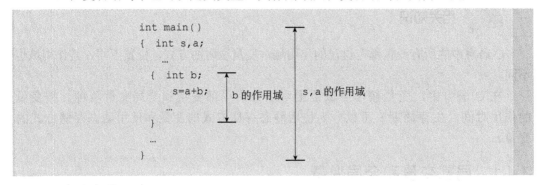

2. 全局变量

全局变量也称外部变量，它是在函数外部定义的变量。它不属于哪一个函数，而是属于一个源程序文件，其作用域是整个源程序。如果在函数中使用全局变量，就要对全局变量进行说明，全局变量的说明符为 extern。在一个函数之前定义的全局变量，在该函数内使用时可以不再说明。

例如：

```
int a,b;            /*外部变量*/
void f1( )          /*函数 f1*/
{
  ...
}
float x,y;          /*外部变量*/
int fz( )           /*函数 fz*/
{
  ...
}
main( )             /*主函数*/
{
  ...
}
```

其中，a、b、x、y 都是在函数外部定义的外部变量，都是全局变量。但 x、y 定义在 f1() 函数之后，而在 f1() 函数内又没有对 x、y 进行说明，所以它们在 f1() 函数内无效。因为 a、b 定义在源程序的最前面，所以其在 f1() 函数、f2() 函数及 main() 函数 内不加说明也可以使用。

【例 7.7】以下程序的外部变量与局部变量相同，程序的运行结果如图 7-9 所示。

```
int a=3,b=5;           /*a,b为外部变量*/
max(int a,int b)       /*a,b为外部变量*/
{   int c;
    c=a>b?a:b;
    printf("max函数内部：a=%d,b=%d\n",a,b);
    return c;
}
int main( )
{   int a=8,b=4;
printf("min函数内部：a=%d,b=%d\n",a,b);
    printf("%d\n",max(a,b));
    return 0;
}
```

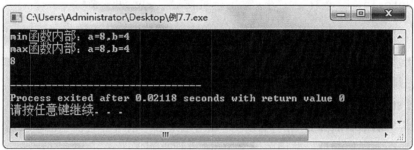

```
C:\Users\Administrator\Desktop\例7.7.exe

min函数内部：a=8,b=4
max函数内部：a=8,b=4
8

------------------------------------
Process exited after 0.02118 seconds with return value 0
请按任意键继续. . .
```

图 7-9　程序的运行结果

说明：如果同一个源文件中的外部变量与局部变量同名，那么在局部变量的作用范围内，外部变量会被"屏蔽"，即它不起作用。

7.4.2　变量的存储类型

1. 静态存储方式与动态存储方式

从变量作用时间（生存期）的角度来分，变量的存储类型可以分为静态存储方式和动态存储方式。

静态存储方式：指在程序运行期间分配固定存储空间的方式。

动态存储方式：指在程序运行期间根据需要动态分配存储空间的方式。

用户的存储空间可以分为 3 个部分：程序区、静态存储区、动态存储区。如图 7-10 所示是用户的存储空间图示。

| 程序区 |
| 静态存储区 |
| 动态存储区 |

图 7-10　用户的存储空间图示

全局变量全部存放在静态存储区，在程序开始执行时给全局变量分配存储空间，程序执行完毕就释放。在程序执行过程中它们占据固定的存储空间。

动态存储区存放的数据有：函数的形式参数、自动变量（未加 static 声明的局部变

量）、函数调用时的现场保护和返回地址。以上这些数据，在函数开始调用时分配动态
存储空间，在函数调用结束时释放存储空间。

2. 自动变量

函数中的形参和在函数中定义的变量（包括在复合语句中定义的变量），在调用该
函数时系统会给它们分配存储空间，在函数调用结束时会自动释放存储空间。函数中的
局部变量，除专门声明为 static 存储类型外，其余的都是动态分配存储空间的，并且数
据都存储在动态存储区中。自动变量用关键字 auto 作为存储类别的声明。关键字 auto
可以省略，属于动态存储方式。例如：

```
int f(int a)              /*定义f函数，a为参数*/
{   auto int b,c=3;       /*定义b、c自动变量，auto可省略*/
    …
}
```

a 是形参，b、c 是自动变量，对 c 赋初值 3。执行完 f()函数后，系统会自动释放
a、b、c 占用的存储空间。

3. 用 static 声明局部变量

如果希望函数中局部变量的值在函数调用结束后不消失并且保留原值，就需要指定
局部变量为静态局部变量，并用关键字 static 进行声明。

【例 7.8】编写程序打印 1 到 5 的阶乘值。程序如下。

```
int fac(int n)
{   static int f=1;
    f=f*n;
    return(f);
}
int main( )
{   int i;
    for(i=1;i<=5;i++)
    printf("%d!=%d\n",i,fac(i));
    return 0;
}
```

例 7.8 程序的运行结果如图 7-11 所示。

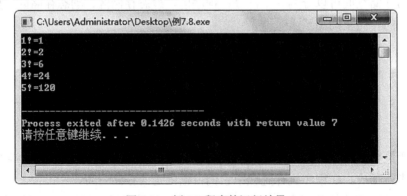

图 7-11　例 7.8 程序的运行结果

对静态局部变量的说明：

（1）静态局部变量属于静态存储方式，在静态存储区内分配存储空间，在程序运行期间不释放存储空间。

（2）静态局部变量在编译时赋初值，即只赋一次初值；而对自动变量赋初值是在函数调用时进行的，每调用一次函数就需要重新赋一次初值，相当于执行一次赋值语句。

（3）如果在定义局部变量时不赋初值，那么对于静态局部变量来说，编译时会自动赋初值 0（对数值型变量）或空字符（对字符型变量）；而对于自动变量来说，初值是不确定的。

4. register 变量

程序中如果不加说明，那么各类变量都会存放在内存储器中。当对一个变量频繁读写时，会反复访问内存储器，花费大量的存取时间。针对此情况，为了提高效率，C 语言允许将局部变量的值放在 CPU 的寄存器中，即寄存器变量，并用关键字 register 声明。使用寄存器变量时，直接在寄存器中读写，效率较高。

说明：

（1）只有自动变量和形式参数可以作为寄存器变量。

（2）局部静态变量不能定义为寄存器变量。

（3）计算机系统中的寄存器数目有限，不能定义任意多个寄存器变量。

5. 用 extern 声明外部变量

全局变量也称外部变量。外部变量和全局变量是对同一类变量的两种不同角度的提法。全局变量是根据它的作用域提出的，外部变量是根据它的存储方式提出的，表示了它的生存期。如果在函数中使用外部变量，就应做外部变量声明，外部变量的声明符为 extern。

【例 7.9】用 extern 声明外部变量，扩展作用域。程序如下。

```
int max(int x,int y)
{    int z;
     z=x>y?x:y;
     return(z);
}
int main( )
{    extern A,B;          //extern 表示 A、B 为两个外部变量，扩展了作用域
     printf("%d\n",max(A,B));
     return 0;
}
int A=13,B=-8;            //定义 A、B 为外部变量
```

程序的运行结果为：13。

说明：本程序的最后一行定义了外部变量 A 和 B，但由于外部变量定义的位置在 main()函数之后，因此在 main()函数中不能引用外部变量 A 和 B。现在我们在 main()函数中用 extern 对变量 A 和 B 进行外部变量声明，那么从声明处起，就可以合法地使用该外部变量 A 和 B。

任务实施

1. 任务描述

（1）实训任务：学会分析变量的作用域。

（2）实训目的：加深对函数的理解；加深对变量作用域的理解，区分全局变量和局部变量。

（3）实训内容：分析下面程序中变量的作用域。

```c
#include <stdio.h>
int n = 10;                     //全局变量
void func1( )
{   int n = 20;                 //局部变量
    printf("func1  n: %d\n", n);
}
void func2(int n)
{   printf("func2  n: %d\n", n);
}
void func3( )
{   printf("func3  n: %d\n", n);
}
int main( )
{   int n = 30;                 //局部变量
    func1( );
    func2(n);
    func3( );
    //代码块由{}包围
    {   int n = 40;             //局部变量
        printf("block n: %d\n", n);
    }
    printf("main n: %d\n", n);
    return 0;
}
```

2. 任务实施

（1）建议分组教学，4~6 人为一组，并选出组长。

（2）请给出各个变量的作用域，可在上面的程序中进行标注。

3. 任务成果

（1）请将个人运行效果粘贴在下面空白处。

（2）请总结任务实施过程中的重点、难点问题，以及收获。

 考核评价

1. 主要评价标准

每次任务评价分数的总分为 10 分。

（1）任务完成及时。

（2）代码书写规范，程序运行效果正常。

（3）实施报告内容真实可靠，条理清晰，书写认真。

（4）没完成任务，根据完成度进行扣分，故意抄袭实施报告扣 5 分。

2. 跟踪练习

请分析下面程序中变量的作用域及类型，并调试程序结果。

```c
#include <stdio.h>
void func( );
int n=1;
int main( )
{    static int a;
     int b=-10;
     printf("a:%d,b:%d,n:%d\n",a,b,n);
     b+=4;
     func();
     printf("a:%d,b:%d,n:%d\n",a,b,n);
     n+=10;
     func();
     return 0;
}
void func( )
{    static int a=2;
     int b=5;
     a+=2;
     n+=12;
     b+=5;
     printf("a:%d,b:%d,n:%d\n",a,b,n);
}
```

项目小结

本项目重点讨论了函数的定义、声明和调用方法，其中涉及函数的参数、返回值及参数的传递等知识。此外，还介绍了函数的嵌套调用、递归调用、变量的作用域和存储类型。

扫码查看任务示例源码

函数是 C 语言中非常重要的内容，也是学习其他编程语言的基础。通过本项目的学习，学生要学会编写和调用函数，理解模块化程序设计思想，练习使用函数编写程序。

同步训练

一、思考题

1. 函数声明的作用是什么？函数声明的位置一般在哪？

2. 局部变量和全局变量的区别是什么？使用时应该注意什么？

3. 模块化程序设计思想是什么？

二、单项选择题

1. 以下正确的说法是_____。

A. 用户若需要调用标准库函数，则调用前必须重新定义

B. 用户可以重新定义标准库函数，重新定义后，该函数将失去原有定义

C. 系统不允许用户重新定义标准库函数

D. 用户若需要使用标准库函数，则调用前不必使用预处理命令编译该函数包含的头文件，系统会自动调用

2. 若调用一个函数，且此函数中没有 return 语句，则正确的说法是_____。

A. 该函数没有返回值

B. 该函数返回若干个系统默认值

C. 能返回一个用户所希望的函数值

D. 返回一个不确定的值

E. 如果形参和实参的类型不一致，以形参的类型为准

3. C 语言规定，函数返回值的类型是由_____决定的。

A. return 语句中的表达式类型   B. 调用该函数时的主调函数类型

C. 调用该函数时由系统临时   D. 在定义函数时所指定的函数类型

4. 以下正确的描述是_____。

A. 函数的定义可以嵌套，但函数的调用不可以嵌套

B. 函数的定义不可以嵌套，但函数的调用可以嵌套

C. 函数的定义和函数的调用均不可以嵌套

D. 函数的定义和函数的调用均可以嵌套

5. 若用数组名作为函数调用的实参，则传递给形参的是_____。

A. 数组的首地址   B. 数组中第一个元素的值

C. 数组中全部元素的值   D. 数组元素的个数

6. 若一个函数的复合语句中定义了一个变量，则该变量_____。

A. 只在该复合语句中有意义   B. 在该函数中有意义

C. 在本程序范围内有意义   D. 为非法变量

7. 以下不正确的说法是_____。

A. 形参的存储单元是动态分配的

B. 函数中的局部变量都是动态存储的

C. 全局变量都是静态存储的

D. 动态分配的变量的存储空间在函数结束调用后就被释放了

8. 已知一个函数的定义如下：

```
double fun(int x, double y)    { … }
```

则正确的函数声明为：_____。

A. double fun (int x,double y)   B. fun (int x,double y)

C. double fun (int,double);   D. fun(x,y) ;

三、填空题

1. C 语言中函数返回值的默认类型是＿＿＿＿＿＿＿。

2. 在一个函数内部直接或间接调用该函数自身称为函数的＿＿＿＿＿＿＿。

3. 函数的实参传递给形参有＿＿＿＿＿＿＿和＿＿＿＿＿＿＿两种方式。

4. 在一个函数内部调用另一个函数的调用方式称为＿＿＿＿＿＿＿。

5. C 语言中的变量按其作用域分为＿＿＿＿＿＿＿和＿＿＿＿＿＿＿。

6. 凡在函数中未指定存储类型的局部变量，其默认的存储类型为＿＿＿＿＿＿＿。

7. 在一个 C 语言程序中，若要定义一个只允许本源程序文件中所有函数使用的全局变量，则该全局变量需要定义的存储类型为＿＿＿＿＿＿＿。

四、程序阅读题

1. 写出下面程序的运行结果＿＿＿＿＿＿＿。

```
func (int a,int b)
{ static int m=0,i=2;
   i+=m+1;
   m=i+a+b;
   return (m);
}
int main ( )
{ int k=4,m=1,p1,p2;
   p1=func(k,m); p2=func(k,m);
   printf("%d,%d\n",p1,p2) ;
   return 0;
}
```

2. 写出下面程序的运行结果＿＿＿＿＿＿＿。

```
int i=0;
fun1 (int i)
{ i=(i%i)*(i*i)/(2*i)+4;
  printf("i=%d\n",i);
  return (i);
}
fun2(int i)
{ i=i<=2?5:0 ;
  return (i);
}
int main ( )
{ int i = 5;
  fun2(i/2); printf("i=%d\n",i);
  fun2(i=i/2); printf("i=%d\n",i);
  fun2(i/2); printf("i=%d\n",i);
  fun1(i/2); printf("i=%d\n",i);
  return 0;
}
```

五、编程题

1. 定义一个函数，统计输入的字符串中的数字、字母和空格的个数分别是多少。

2. 使用函数递归求解 Fibonacci 数列前 n 项的和。

Fibonacci 数列的描述如下：数列的第一个数是 1，第二个数是 1，从第三项开始每项是前两项之和，即 1、1、2、3、5、8、13、21…。

3. 已知 10 个学生的成绩，求平均成绩。10 个学生的成绩存放在数组 score 中，求平均成绩要求使用函数 average()。

4. 请定义一个函数 min()，其功能是求 3 个整数中的最小数。

项目8 指　　针

项目引入

王明和李晓作为班级的骨干，经常会帮助辅导员管理学生宿舍。为了更方便地管理宿舍，王明和李晓给每位住宿的同学安排了楼号、房间号和床位号。

王明和李晓在学习了项目 7 有关函数的知识后，知道了函数的调用除常用的"值传递"外，还有"地址调用"。那么，在 C 语言中，如何使用和管理存储地址呢？本项目将通过介绍指针的使用来进行阐述。

学习目标

1. 知识目标

（1）掌握 C 语言中指针的定义及使用。

（2）理解指针和数组的关系。

2. 能力目标

（1）能够理解指针的基本概念。

（2）能够根据程序需要定义指针并进行引用。

（3）能够运用指针操作一维数组和二维数组。

（4）能够运用指针处理字符串。

3. 素质目标

（1）培养学生获取新知识、新技能、新方法的能力。

（2）培养学生独立思考的能力。

8.1　寻找变量在内存中的"家"

任务导入

如果定义一个变量，就会在内存中开辟用以存放变量数据的空间。程序中通过引用变量名来使用这个内存空间，编译时计算机使用内存地址来引用内存空间。那么程序员借助什么来操作内存地址呢？又是如何实现的呢？本任务将通过编程查看变量在内存中的存储位置。

任务分析

（1）定义变量：定义两个整型变量。

（2）定义指针：定义两个指针变量。

（3）获取普通变量的存储地址。

（4）输出普通变量的存储地址、普通变量的值、指针变量的值、指针变量指向的变量的值。

相关知识

指针是 C 语言中一个非常重要的概念，也是 C 语言主要特色之一。C 语言因为能够巧妙而灵活地运用指针，所以具有极高的调用灵活性和极强的表达能力。指针是 C 语言难点中的难点，也是 C 语言的灵魂所在。初学者学习本项目时，要想理解和掌握指针，就要多思考、多上机实践，在实践中体会指针的作用及灵活性。

指针的作用主要是在编写程序时直接调用内存，通过指针可以方便地找到目标数据并灵活地操作该数据。

8.1.1　地址与指针

为了掌握指针的基本使用方法，首先要掌握地址的概念，其次要了解数据在内存中是怎么存储和读取的。相比指针，地址更容易理解。

1. 内存地址

从硬件角度讲，内存是一个物理存储设备；从功能角度讲，内存就是一个数据仓库，程序在执行前都要被封装到内存中，然后才能被 CPU 执行。

内存是由一系列按顺序编号的内存单元组成的，在内存中，每个内存单元都有唯一的地址编号。通过内存地址可以方便地在内存单元中存取信息。

为了形象地理解内存，可以将内存看成一个个连续的小盒子集合，为了正确地访问这些小盒子，必须给它们编号。正如统计学生的住宿情况，要标明该同学的楼号、房间号、床号，如 3-204-2。有了这个编号，就能在所有学生中快速地找到该学生的住宿位置。此住宿位置对应到计算机内存中就是"地址"。

为了正确访问每个内存单元，要对内存单元进行编址。以 32 位的计算机为例，其地址空间为 32 位，采用 32 位地址编码。内存地址是连续的，相邻内存单元间的地址相差 1。

在 C 语言中，在定义变量时，系统会根据变量类型分配相应的一个或多个内存单元，而这个变量占用的第一个内存单元的地址就是该变量的地址。在 32/64 位机器（Dev-C++环境）中整型数据占 4 个内存单元，字符型数据占一个内存单元。

C 语言提供了取地址运算符"&"，用于获取变量的地址。格式如下：

```
&变量名
```

【例 8.1】编程学习取地址运算符的用法，程序如下。

```
int main( )
{
```

```
    int a=3,b;
    b=&a;    //变量b存储的是变量a的内存地址
    printf("a=%d,b=%d\n",a,b);
    return 0;
}
```

例 8.1 程序的运行结果如图 8-1 所示。

图 8-1 例 8.1 程序的运行结果

2. 指针的含义

指针和地址是一个意思，一个变量的地址称为该变量的指针。指针即地址，地址即指针。

在涉及计算机内存的时候，会更多地使用地址的概念；在涉及程序的时候，会更多地使用指针的概念。地址用于表示一个位置，指针用于指向这个地址表示的位置，本质上两者是一个概念。如果将指针定义为变量，那么这个变量就可以存放不同变量的地址。即存放地址的变量称为指针，指针变量的值为地址。

8.1.2 指针变量

1. 指针变量的定义

格式如下：

基本类型 *指针变量名

例如：

```
int *p1;            //定义p1为指向整型变量的指针变量
char *p2;           //定义p2为指向字符型变量的指针变量
float *p3;          //定义p3为指向实型变量的指针变量
```

说明：

（1）"*" 仅用于表示该变量为指针变量，是一个说明符，不能省略。需要明确的是，指针变量是 p1、p2、p3。

（2）基本类型是指指针指向变量的类型。

2. 指针变量的初始化

指针变量同普通变量一样，使用前必须先定义，而且必须被赋予具体的值。未经赋值的指针变量不能使用，否则将造成系统混乱，甚至死机。

（1）指针变量的初始化。

```
int a;
int *p=&a;
```

（2）给指针变量赋值。

```
int a;
int *p
p=&a;
```

（3）如果在声明指针变量时不知道将其指向何处，那么最简单的方式是将指针变量指向"空"。

```
int *p=NULL;
```

【例 8.2】练习使用指针变量，程序如下。

```
#include<stdio.h>
int main( )
{
    int i=3,j=6;
    int *i_pointer=&i,*j_pointer=&j;    //变量b存储的是变量a的内存地址
    printf("i=%d,j=%d\n",i,j);
    printf("i的内存地址i_pointer=%d,j的内存地址j_pointer=%d\n",i_pointer,
j_pointer);
    return 0;
}
```

例 8.2 程序的运行结果如图 8-2 所示。

图 8-2　例 8.2 程序的运行结果

指针和变量的关系如图 8-3 所示。

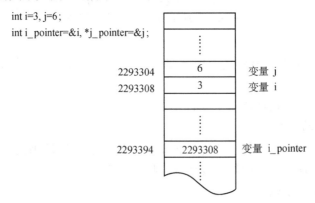

图 8-3　指针和变量的关系

3. 指针变量的引用

格式如下：

```
*指针变量
```

其中："*"为指向运算符，其优先级和结合性与"&"相同。"*"后必须是指针变量。

作用：求指针变量所指向的内存单元的内容。

例如：

```
int i=3,j=6;
int *p1=&i,*p2=&j;
printf("%d,%d\n",i,j);
printf("%d,%d\n",*p1,*p2);
```

输出结果为：

```
3, 6
3, 6
```

 任务实施

1. 任务描述

（1）实训任务：寻找变量在内存中的"家"。

（2）实训目的：加深对指针的理解；加深对变量名、变量值、变量地址与指针之间关系的理解；练习指针的简单用法。

（3）实训内容：通过编程查看变量在内存中的存储位置，如可以定义两个整型变量进行查看，查看内容可参考图8-4。

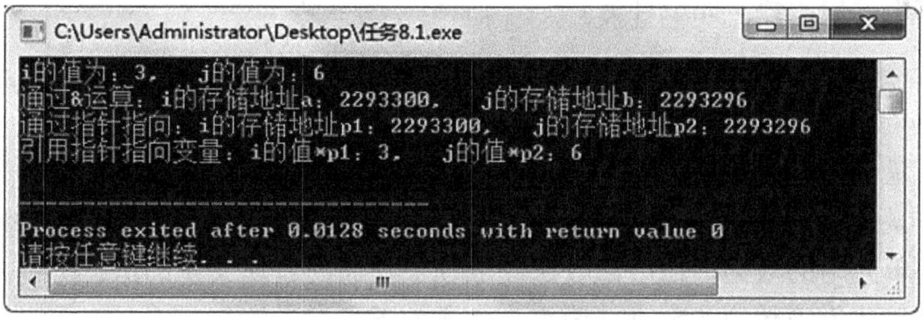

```
C:\Users\Administrator\Desktop\任务8.1.exe
i的值为：3,    j的值为：6
通过&运算：i的存储地址a: 2293300,    j的存储地址b: 2293296
通过指针指向：i的存储地址p1: 2293300,    j的存储地址p2: 2293296
引用指针指向变量：i的值*p1: 3,    j的值*p2: 6


Process exited after 0.0128 seconds with return value 0
请按任意键继续. . .
```

图8-4　查看变量在内存中的存储位置图示

2. 任务实施

（1）建议分组教学，4～6人为一组，并选出组长。

（2）请给出程序代码。

3. 任务成果

（1）请给出个人运行效果。

（2）请总结任务实施过程中的重点、难点问题，以及收获。

 **考核评价**

1. 主要评价标准

每次任务评价分数的总分为 10 分。

（1）任务完成及时。

（2）代码书写规范，程序运行效果正常。

（3）实施报告内容真实可靠，条理清晰，书写认真。

（4）没完成任务，根据完成度进行扣分，故意抄袭实施报告扣 5 分。

2. 跟踪练习

编写程序，通过指针操作，交换两个变量的值，并通过输出验证。

8.2 大小写字母转换

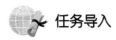 **任务导入**

项目 7 中明确地指出函数的参数不仅可以是整型、实型、字符型等基本数据类型，还可以是数组和指针类型。下面编写一个程序，实现大小写字母之间的转换。要求：把大小字母转换功能编写成自定义函数，函数调用的时候要求使用指针作为参数。

 任务分析

定义函数：函数的参数为指针变量，函数的功能是实现大小写字母之间的转换。

定义主函数：在函数中定义字符变量和指针，指针指向字符，通过使用指针变量作为函数参数来调用函数，完成任务。

 相关知识

指针变量作为函数参数的作用是将一个地址传递给被调函数中的形参指针变量，使形参指针变量指向实参指针指向的变量，即在函数调用时确定指针变量的指向，通过地址操作内存单元中的数据，最终修改在此地址中存储的普通变量的值。

指针变量作为函数的参数进行调用，格式如下：

函数名(*指针变量)

功能：把指针变量作为函数的参数，将实参值传递给形参。注意，此时实参和形参都应是指针变量。

【例 8.3】编写程序实现将输入的两个整数按大小顺序输出。要求用函数处理，并且用指针类型的数据作为函数的参数，程序如下。

```
void  swap(int *p1,int *p2)
{int temp;
 temp=*p1;
```

```
 *p1=*p2;
 *p2=temp;
}
int  main( )
{ int a,b;
  int *pointer_1,*pointer_2;
  scanf("%d,%d",&a,&b);
  pointer_1=&a;  pointer_2=&b;
  if(a<b) swap(pointer_1,pointer_2);
  printf("\n%d,%d\n",a,b);
  return 0;
  }
```

　　swap()是用户自定义的函数，它的作用是交换两个变量（a 和 b）的值。swap()函数的形参 p1、p2 是指针变量。程序运行时，先执行 main()函数，输入 a 和 b 的值，然后将 a 和 b 的地址分别赋给指针变量 pointer_1 和 pointer_2，并且使 pointer_1 指向 a，pointer_2 指向 b。swap()函数操作图示如图 8-5 所示。

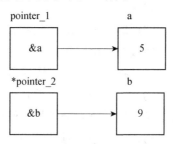

图 8-5　swap()函数操作图示

　　接着执行 if 语句，由于 a<b，因此执行 swap()函数。注意 pointer_1 和 pointer_2 是指针变量，在函数调用时，会将实参变量的值传递给形参变量，采取的是"值传递"方式。因此虚实结合后形参 p1 的值为&a，p2 的值为&b。这时 p1 和 pointer_1 指向变量 a，p2 和 pointer_2 指向变量 b。if 语句操作图示如图 8-6 所示。

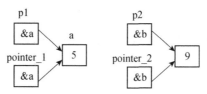

图 8-6　if 语句操作图示

　　接着执行 swap()函数的函数体使*p1 和*p2 的值互换，也就是使 a 和 b 的值互换。a、b 值互换操作图示如图 8-7 所示。

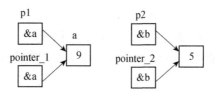

图 8-7　a、b 值互换操作图示

函数调用结束后，p1 和 p2 不复存在（已释放）。如图 8-8 所示是函数调用结束后内存图示。

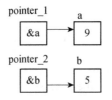

图 8-8　函数调用结束后内存图示

最后在 main()函数中输出的 a 和 b 的值是已经交换过的值。

 任务实施

1．任务描述

（1）实训任务：大小写字母转换。

（2）实训目的：加深对指针的理解；加深对变量名、变量值、变量地址与指针之间关系的理解；练习指针作为函数参数的使用用法。

（3）实训内容：请根据前面对任务的分析进行程序设计。输入一个字母，当是大写时转换为小写，当是小写时转换为大写，当不是字母时提示"输入的不是字母！"。要求把大小字母转换功能编写成自定义函数，函数调用的时候要求使用指针作为参数。输入一个字母，当是大写时转换为小写，当是小写时转换为大写，当不是字母时提示"输入的不是字母！"。

2．任务实施

（1）建议分组教学，4～6 人为一组，并选出组长。

（2）写出程序代码。

3．任务成果

（1）请给出个人运行效果。

（2）请总结任务实施过程中的重点、难点问题，以及收获。

 考核评价

1．主要评价标准

每次任务评价分数的总分为 10 分。

（1）任务完成及时。

（2）代码书写规范，程序运行效果正常。

（3）实施报告内容真实可靠，条理清晰，书写认真。

（4）没完成任务，根据完成度进行扣分，故意抄袭实施报告扣 5 分。

2．跟踪练习

要求使用指针作为函数的参数，编写函数实现两个整数的交换。

8.3 数组与指针强强联合

 **任务导入**

由于数组在内存中是连续存放的，因此在实际应用中，指针变量通常应用于数组。通过使用指针变量指向数组中的不同元素，可以提高程序的执行效率。本任务将介绍数组与指针的使用。

请编写一个程序，求一组整数中的最大值和最小值。要求：分别编写函数 int maxfun (int *pa,n)和 int minfun(int *p,n)实现求一组整型数组中的最大值和最小值，并用主函数完成调用输出。

 任务分析

（1）定义两个函数 maxfun()和 minfun()。
（2）函数的参数要求使用指针。

 相关知识

由于数组及其数组元素占用的存储空间都有其自己的地址，因此指针变量既可以指向整个数组，也可以指向数组元素。在 C 语言中，指针与数组的关系十分密切，数组定义完成后，其首地址就已经确定。利用指针操作数组效率更高，两者经常结合使用。

8.3.1 数组与指针

1. 数组及元素的地址

数组是一系列具有相同类型的数据的集合，其中每个数据叫作一个数组元素。数组中的所有元素在内存中都是连续排列的，一个数组占用一块连续的内存空间。在 C 语言中，数组名代表数组的首地址（也称起始地址）。

例如，int arr[5]={100,200,300,10,20}在内存中的分布如图 8-9 所示。

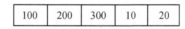

图 8-9 数组在内存中的分布

2. 数组指针

如果定义了一个指针指向数组，那么称该指针为数组指针。数组指针指向的是数组中的一个具体元素，而不是整个数组。数组指针的类型和数组元素的类型是相关的，数组元素是什么类型的，数组指针就要被定义为什么类型。如下程序段中的 p 就是一个数组指针，指针 p 指向数组 a。

```
int a[10];
int *p;
p=&a[0];   //等价于 p=a
```

8.3.2 数组指针的使用

1. 指针变量的运算

1）指针移动

数组指针在使用的时候可以通过将指针与一个整数进行加、减运算来移动指针。

如果指针变量 p 指向数组 a 的某个元素，那么表达式 p+1 表示指向数组的下一个元素（而不是简单地将 p 的值加 1）。例如，如果数组元素是整型，那么每个元素在内存中占 4 个字节，p 指向 a[0]，p+1 指向下一个元素 a[1]。p+1 代表的地址实际上是 (p+1)*n，n 是一个数组元素所占的字节数（字符型数组 n=1，整型和浮点型数组 n=4）。也就是说如果 p 指向数组的第一个元素，那么 p+i 就指向数组的第 1+i 个元素；如果 p 指向数组的第 n 个元素，那么 p+i 就是指向第 n+i 个元素；不管 p 指向数组的第几个元素，p+1 总是指向该元素的下一个元素，p−1 总是指向该元素的上一个元素。

理解以上含义对于利用数组指针编程非常关键。使用过程中要注意：数组指针变量可以实现其本身的值的改变。例如，p++是合法的，而 a++是不合法的，因为 a 是数组名，它是数组的首地址，是常量。

2）同类型指针变量之间的运算

指向同一个数组的两个指针变量之间是可以进行运算的。

两个指针变量相减，其差值是两个指针变量相差数据元素的个数，而不是地址的差值。数组指针变量不做加法运算，因为没有实际意义。

指向同一个数组的两个指针变量可以通过关系运算来表示它们所指向的数组元素之间的关系。假设指针 p1、p2 均指向整型数组 a，p1>p2 表示 p1 指向的元素在前面；p1==p2 表示 p1 和 p2 指向同一个数组元素。指针变量还可以与 0 进行比较，如果 p==0，表明 p 是空指针，那么它不指向任何变量。

2. 通过指针引用数组元素

引入指针变量后，就可以用两种方法来访问数组元素了。假设 p 的初值为&a[0]，则：

（1）p+i 和 a+i 就是 a[i]的地址，或者说它们指向 a 数组的第 i 个元素，如图 8-10 所示。

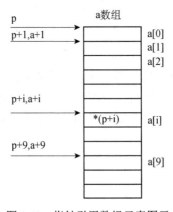

图 8-10 指针引用数组元素图示

（2）*(p+i)或*(a+i)是 p+i 或 a+i 所指向的数组元素，即 a[i]。例如，*(p+5)或*(a+5)就是 a[5]。

（3）指向数组的指针变量也可以带下标，如 p[i]与*(p+i)等价。

根据以上叙述，引用一个数组元素的方法有下标法和指针法。下标法即采用 a[i]的形式访问数组元素，在前面介绍数组时都采用这种方法。指针法即采用*(a+i)或*(p+i)的形式间接访问数组元素，其中 a 是数组名，p 是指向数组的指针变量，并且初值 p=a。

【例 8.4】用指针变量指向元素，输出数组中的全部元素，程序如下。

```c
int main( )
{
    int a[10],i,*p;
    p=a;
    for(i=0;i<10;i++)
        *(p+i)=i;
    for(i=0;i<10;i++)
        printf("a[%d]=%d\t",i,*(p+i));
    return 0;
}
```

例 8.4 程序的运行结果如图 8-11 所示。

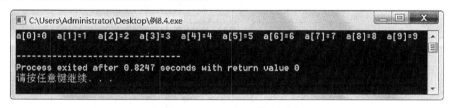

图 8-11 例 8.4 程序的运行结果

注意：将++和--运算符用于数组指针变量十分有效，可以使指针变量向前或向后逐个移动，指向下一个或上一个数组元素。使用自增、自减运算符时要清楚如何变换 p 值，否则容易出错。

● *p++。由于++和*的优先级相同，并且结合方向自右而左，因此*p++等价于*(p++)。

● *(p++)与*(++p)的作用不同。若 p 的初值为 a，则*(p++)等价于 a[0]，*(++p)等价于 a[1]。

● (*p)++表示将 p 所指向元素的值加 1。

● 如果 p 当前指向 a 数组中的第 i 个元素，那么：

  *(p--)相当于 a[i--]；

  *(++p)相当于 a[++i]；

  *(--p)相当于 a[--i]。

8.3.3 指向多维数组的指针和指针变量

指针可以指向一维数组，也可以指向多维数组。

1. 多维数组的地址

设有整型二维数组 a[3][4]：

0	1	2	3
4	5	6	7
8	9	10	11

它的定义为：short a[3][4]={{0,1,2,3},{4,5,6,7},{8,9,10,11}}。

设数组 a 的首地址为 1000，各下标变量的首地址及其值如图 8-12 所示。

1000 0	1002 1	1004 2	1006 3
1008 4	1010 5	1012 6	1014 7
1016 8	1018 9	1020 11	1022 12

图 8-12　各下标变量的首地址及其值

前面介绍过，在 C 语言中，允许把一个二维数组分解为多个一维数组。因此，数组 a 可分解为 3 个一维数组，即 a[0]、a[1]、a[2]，每个一维数组又含有 4 个元素，如图 8-13 所示。

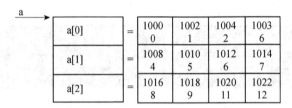

图 8-13　多个一维数组

例如，数组 a[0]包含 a[0][0]、a[0][1]、a[0][2]、a[0][3] 4 个元素。

从二维数组的角度来看，a 是二维数组名，a 代表整个二维数组的首地址，也是二维数组第 0 行的首地址，等于 1000；a+1 代表第一行的首地址，等于 1008，如图 8-14 所示。

a[0]表示第一个一维数组的首地址，是 1000；*(a+0)或*a 与 a[0]等效，表示一维数组 a[0]第 0 个元素的首地址，也是 1000；&a[0][0]是二维数组 a 第 0 行第 0 列元素的首地址，同样是 1000。因此，a、a[0]、*(a+0)、*a、&a[0][0]是相等的，但含义不同。

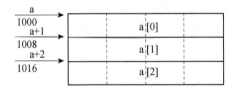

图 8-14　二维数组的地址

同理，a+1 是二维数组第一行的首地址，等于 1008。a[1]是第二个一维数组的数组名和首地址，因此也为 1008。&a[1][0]是二维数组 a 第 1 行第 0 列元素的地址，也是 1008。因此，a+1、a[1]、*(a+1)、&a[1][0]是相等的。

由此可得出：a+i、a[i]、*(a+i)、&a[i][0]是相等的，但含义不同。

另外，也可以将 a[0]看成 a[0]+0，是一维数组 a[0]第 0 个元素的首地址，而 a[0]+1 是 a[0]第一个元素的首地址，由此可得出 a[i]+j 是一维数组 a[i]第 j 个元素的首地址，它等于&a[i][j]，如图 8-15 所示。

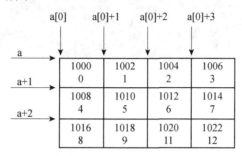

图 8-15 数组的地址

由 a[i]=*(a+i)得 a[i]+j=*(a+i)+j。由于*(a+i)+j 是二维数组 a 第 i 行第 j 列元素的首地址，因此，该元素的值等于*(*(a+i)+j)。

2. 指向多维数组的指针变量

把二维数组 a 分解为一维数组 a[0]、a[1]、a[2]之后，设 p 为指向二维数组的指针变量。可定义为 short (*p)[4]，表示 p 是一个指针变量，指向包含 4 个元素的一维数组。若指向第一个一维数组 a[0]，则其值等于 a、a[0]或&a[0][0]。p+i 表示指向一维数组 a[i]。从前面的分析可以得出*(p+i)+j 是二维数组第 i 行第 j 列元素的地址，而*(*(p+i)+j)是第 i 行第 j 列元素的值。

二维数组指针变量定义的一般形式为：

类型说明符 (*指针变量名)[长度];

其中，"类型说明符"为所指数组的数据类型；"*"表示其后的变量是指针类型；"长度"表示二维数组分解为多个一维数组时一维数组的长度，也就是二维数组的列数。应注意在"(*指针变量名)"中括号不能缺少，若缺少括号则表示是指针数组（本章后面介绍），意义就完全不同了。

【例 8.5】用指针变量指向二维数组，输出全部元素，程序如下。

```
int main( )
{
    int a[3][4]={0,1,2,3,4,5,6,7,8,9,10,11};
    int (*p)[4];
    int i,j;
    p=a;
    for(i=0;i<3;i++)
    {
        for(j=0;j<4;j++)
            printf("%2d",*(*(p+i)+j));
        printf("\n");
    }
    return 0;
}
```

例 8.5 程序的运行结果如图 8-16 所示。

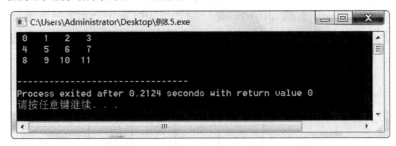

图 8-16　例 8.5 程序的运行结果

 任务实施

1. 任务描述

（1）实训任务：数组与指针联合使用。

（2）实训目的：加深对指针的理解；加深对数组、数组元素与指针之间关系的理解；练习指针与数组结合一起使用的用法。

（3）实训内容：请编写一个程序，求一组整数中的最大值和最小值。要求编写函数 int maxfun(int *pa,n)和 int minfun(int *p,n)分别实现求一组整型数组中的最大值和最小值，主函数完成调用输出。

2. 任务实施

（1）建议分组教学，4～6 人为一组，并选出组长。

（2）请给出个人的程序代码。

3. 任务成果

（1）请给出个人运行效果。

（2）请总结任务实施过程中的重点、难点问题，以及收获。

 考核评价

1. 主要评价标准

每次任务评价分数的总分为 10 分。

（1）任务完成及时。

（2）代码书写规范，程序运行效果正常。

（3）实施报告内容真实可靠，条理清晰，书写认真。

（4）没完成任务，根据完成度进行扣分，故意抄袭实施报告扣 5 分。

2. 跟踪练习

分别用数组下标法、指针下标法、指针变量法（通过指针变量的自增自减运算引用数组元素）输入输出一个整型数组中的各个元素。在练习时应注意指针下标法和指针变量法的区别，要注意实现过程。

8.4 数据统计"大比武"

 **任务导入**

在学习指针相关知识的时候，老师提出这样一个题目，即怎样才能更快地统计字符数组中大写字母、小写字母、空格和数字字符的个数。王明和李晓两人决定使用指针来完成此任务。

 任务分析

要想完成此任务，需要考虑以下几个方面。

字符数组的初始化：可以通过自定义函数来实现，也可以在主调函数中实现。

数组指针的定义：定义指针变量指向字符数组。

字符判断：通过循环，判断每个字符属于哪种类型，并进行计数，可以通过自定义函数实现。

 相关知识

在 C 语言中，对于字符串的访问可以借用数组和字符指针，其中，关于使用数组访问字符串的方法已经在项目 6 中进行了介绍，下面介绍使用字符指针访问字符串。

8.4.1 用指针指向一个字符串

1. 指向字符串的指针

可以通过对指针变量赋不同的值来区别指向字符串的指针变量与指向字符变量的指针变量。对指向字符变量的指针变量应赋予该字符变量的地址。

例如：

```
char c,*p=&c;            //表示p是指向字符变量c的指针变量
char *s="C Language";    //表示s是指向字符串的指针变量，把字符串的首地址赋予s
```

2. 字符串指针作为函数的参数

在 C 语言中，既可以用字符串指针作为函数的参数，也可以用指向数组元素的指针作为函数的参数，因为字符串实际上就是字符数组。应用中不同的是，数组作为函数的参数时需要同时向函数传递数组的大小，而字符串指针作为函数的参数时只需要传递字符串指针，不需要传递字符串的大小。这是因为字符串指针是通过字符串结束标志"\0"来判断程序是否执行结束的。

【例 8.6】自定义函数实现把一个字符串的内容复制到另一个字符串中，使用字符串指针作为函数的参数，并且不能使用 strcpy() 函数。

```
void cpystr(char *from,char *to)
{
    while((*to=*from)!='\0')
    {
        from++;
```

```
        to++;
    }
}
int main( )
{
    char *pa="CHINA",b[10],*pb;
    pb=b;
    cpystr(pa,pb);
    printf("string a=%s\nstring b=%s\n",pa,pb);
    return 0;
}
```

例 8.6 程序的运行结果如图 8-17 所示。

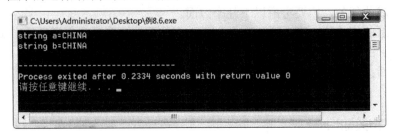

图 8-17　例 8.6 程序的运行结果

8.4.2　字符串指针变量与字符数组的区别

字符数组和字符串指针变量都可实现字符串的存储和运算，但两者是有区别的，在使用时应注意以下几点。

（1）字符串指针变量本身就是一个变量，用于存放字符串的首地址。而字符串本身存放在以该首地址为起点的一块连续的内存空间中，并且以 "\0" 作为结束标志。字符数组是由若干个数组元素组成的，它可用来存放整个字符串。

（2）当使用字符串指针时，可以写成：

```
char *ps="C Language"; 或 char *ps; ps="C Language";
```

当使用字符数组时，只能对字符数组的各元素逐个赋值，可以写成：

```
char st[]={"C Language"};
```

从以上两点可以看出字符串指针变量与字符数组在使用时的区别，同时也可以看出使用字符串指针变量更加方便。

（3）使用一个未取得确定地址的指针变量是危险的，容易引起错误。但是给指针变量直接赋值是可以的。因为在 C 语言中，给指针变量赋值时，要赋给其确定的地址。所以 "char *ps="C Langage";" 或 "char *ps; ps="C Language";" 都是合法的。

 任务实施

1. 任务描述

（1）实训任务：数据统计 "大比武"。

（2）实训目的：加深对指针的理解；加深对指向字符串的指针的理解，对字符串指针变量与字符数组的区别的理解；练习指针与数组结合一起使用的用法。

（3）实训内容：请编写一个程序，使用指针更快地统计字符数组中大写字母、小写字母、空格和数字字符的个数。

2. 任务实施

（1）建议分组教学，4~6 人为一组，并选出组长。

（2）给出程序代码。

3. 任务成果

（1）请给出个人运行效果。

（2）请总结任务实施过程中的重点、难点问题，以及收获。

 考核评价

1. 主要评价标准

每次任务评价分数的总分为 10 分。

（1）任务完成及时。

（2）代码书写规范，程序运行效果正常。

（3）实施报告内容真实可靠，条理清晰，书写认真。

（4）没完成任务，根据完成度进行扣分，故意抄袭实施报告扣 5 分。

2. 跟踪练习

编写一个程序，用指针统计字符串的长度。

8.5 值日生安排表

 任务导入

辅导员要求班委安排各宿舍的值日生。王明和李晓接到通知后分析现在的情况，因为每个宿舍 6 个人，所以可以每周一到周六安排一人值日，周日进行集体大扫除。两人决定使用指针、数组和函数共同完成。

 任务分析

要完成此任务，应考虑以下几个方面。

宿舍成员的人员存储：可以利用字符数组来完成。

值日生的安排：根据宿舍成员的存储顺序和星期几的情况来判定由哪个成员值日。

指针的使用：借助指针作为函数返回值获得值日情况。

结果输出：输出值日情况。

 相关知识

所谓函数类型是指函数返回值的类型。在 C 语言中，允许一个函数的返回值是一

个指针（地址），这种返回指针值的函数称为指针型函数。

8.5.1 指针型函数的定义

```
返回值类型说明符  *函数名(形参表)
{
    …        /*函数体*/
}
```

其中：函数名前的"*"表明这是一个指针型函数，即返回值是一个指针；"返回值类型说明符"表明返回的指针所指向的数据类型。

例如：

```
int *max(int x,int y)
{
    …        /*函数体*/
}
```

表示 max()函数是一个返回指针值的指针型函数，它返回的指针指向一个整型变量。

【例 8.7】通过指针型函数，要求输入一个 1～7 之间的整数，输出其对应的星期名，程序如下。

```c
#include<stdio.h>
char *day_name(int n)
{
    static char *name[]={ "Illegal day","Monday","Tuesday","Wednesday",
                          "Thursday","Friday","Saturday","Sunday"};
    return ((n<1||n>7) ? name[0] : name[n]);
}
int main( )
{
    int i;
    char *day_name(int n);
    printf("input Day No:\n");
    scanf("%d",&i);
    if(i<0)  exit(1);
    printf("Day No:%2d-->%s\n",i,day_name(i));
    return 0;
}
```

例 8.7 程序的运行结果如图 8-18 所示。

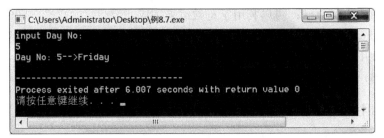

图 8-18　例 8.7 程序的运行结果

本例定义了一个指针型函数 day_name()，它的返回值指向一个字符串。该函数定义了一个静态指针数组 name[]，并初始化赋值为八个字符串，分别表示星期名及出错提示。形参 n 表示与星期名对应的整数。在主函数中，把输入的整数 i 作为实参，在 printf()语句中调用 day_namc()函数并把 i 值传送给形参 n。day_name()函数中的 return 语句包含一个条件表达式，若 n 的值大于 7 或小于 1，则把 name[0]指针返回主函数，并输出出错提示字符串"Illegal day"；否则返回主函数输出对应的星期名。主函数中的第七行是个条件语句，其语义是若输入为负数（i<0），则中止运行程序，并退出程序。exit()是一个库函数，exit(1)表示发生错误后退出程序，exit(0)表示正常退出。

8.5.2 指针型函数的注意事项

应特别注意的是，函数的指针变量和指针型函数这两者在写法和意义上的区别。如 int(*p)()和 int *p()是两个完全不同的量。

（1）int (*p)()是一个变量说明，说明 p 是一个指向函数入口的指针变量，该函数的返回值是整型量，(*p)两边的括号不能少。

（2）int *p()不是变量说明，而是函数说明，说明 p 是一个指针型函数，其返回值是一个指向整型量的指针，*p 两边没有括号。作为函数说明，在括号内最好写入形式参数，这样便于与变量说明区别。

（3）对于指针型函数的定义，int *p()只是函数头部分，一般还应该有函数体部分。

 任务实施

1. 任务描述

（1）实训任务：制作值日生安排表。

（2）实训目的：加深对指针的理解；加深对指针型函数的理解；练习指针与数组、函数结合使用的用法。

（3）实训内容：王明和李晓接到通知，辅导员要求班委安排宿舍的值日生。现在的情况是，每个宿舍 6 个人，每周一到周六安排一人值日，周日进行集体大扫除。请大家帮助两人使用指针、数组和函数来制作值日生安排表。可参考图 8-19 的运行结果编写程序。

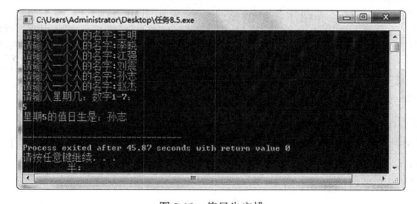

图 8-19 值日生安排

2．任务实施

（1）建议分组教学，4~6 人为一组，并选出组长。

（2）给出个人程序代码。

3．任务成果

（1）请给出个人运行效果。

（2）请总结任务实施过程中的重点、难点问题，以及收获。

 考核评价

1．主要评价标准

每次任务评价分数的总分为 10 分。

（1）任务完成及时。

（2）代码书写规范，程序运行效果正常。

（3）实施报告内容真实可靠，条理清晰，书写认真。

（4）没完成任务，根据完成度进行扣分，故意抄袭实施报告扣 5 分。

2．跟踪练习

每名同学有 4 个科目的成绩，请编写一个程序，用指针函数实现输出学生成绩，成绩数据可自行决定。可参考图 8-20 的运行结果编写程序。

图 8-20　学生成绩输出图示

项目小结

本项目分 5 个任务介绍了指针的概念、赋值和引用，还介绍了指向数组的指针、指向字符的指针，最后介绍了指针型函数。

所谓指针是一个特殊的变量，它存储的数值是内存里的一个地址。因为可以通过地址找到存储于内存中的变量，所以可以形象地把地址称为指针。

扫码查看任务示例源码

在用指针处理数组时，可以通过指针的移动来访问数组中的每个元素。在用指针处理字符串时，可以充分利用字符串结束标志"\0"。

指针的数据类型如表 8-1 所示。

表 8-1 指针的数据类型

定义	含义
int i;	定义整型变量 i
int *p	p 为指向整型数据的指针变量
int a[n];	定义整型数组 a，它有 n 个元素
int *p[n];	定义指针数组 p，它由 n 个指向整型数据的指针元素组成
int (*p)[n];	p 为指向含 n 个元素的一维数组的指针变量
int f();	f 为带回整型函数值的函数
int *p();	p 为返回一个指针的函数，该指针指向整型数据
int (*p)();	p 为指向函数的指针，该函数返回一个整型值
int **p;	p 是一个指针变量，它指向一个指向整型数据的指针变量

本项目重点知识小结如下。

（1）指针变量加（减）一个整数。

如 p++、p−−、p+i、p−i、p+=i、p−=i。

一个指针变量加（减）一个整数并不是简单地将原值加（减）一个整数，而是将该指针变量的原值（是一个地址）和它指向的变量所占用的内存空间的字节数相加（减）。

（2）指针变量赋值：将一个变量的地址赋给一个指针变量。

p=&a;　　　　　　　（将变量 a 的地址赋给 p。）

p=array;　　　　　　（将数组 array 的首地址赋给 p。）

p=&array[i];　　　　（将数组 array[]第 i 个元素的地址赋给 p。）

p=max;　　　　　　（max 为已定义的函数，将 max 的入口地址赋给 p。）

p1=p2;　　　　　　（p1 和 p2 都是指针变量，将 p2 的值赋给 p1。）

（3）指针变量可以为空，即该指针变量不指向任何变量：p=NULL。

（4）两个指针变量可以相减：若两个指针变量指向同一个数组的元素，则两个指针变量的差值是两个指针之间的元素个数。

（5）两个指针变量比较：若两个指针变量指向同一个数组的元素，则两个指针变量可以进行比较。指向前面元素的指针变量"小于"指向后面元素的指针变量。

同步训练

一、思考题

1. 什么是指针？指针和变量的关系是什么？

2. 使用指针操作数组时应注意什么？使用指针操作数组元素的优点是什么？

3. 指针操作字符二维数组时应怎么使用？

二、单项选择题

1. 若有说明 int i=2，j=2，*p=&i，则能完成 i=j 赋值功能的语句是＿＿＿＿。

A. i=*p;　　　　　B. *p=j;　　　　　C. i=&j;　　　　　D. i=**p;

2. 以下选项中，不能正确赋值的是＿＿＿＿。

A. char s1[10];s1="Ctest";　　　　　B. char s2[]={'C', 't', 'e', 's', 't'};

C. char s3[20]="Ctest";　　　　　　　D. char *s4="Ctest\n"

3. 若定义 int a=511,*b=&a，则 printf("%d\n",*b)的输出结果是＿＿＿＿。

A. 无确定值　　　B. a 的地址　　　C. 512　　　　　D. 511

4. 以下不能正确进行字符串赋初值的语句是＿＿＿＿。

A. char str[5]="good!";　　　　　　　B. char str[]="good!";

C. char *str="good!";　　　　　　　　D. char str[5]={'g','o','o','d'};

5. 若有说明 int n=2，*p=&n，*q=p，则以下非法的赋值语句是＿＿＿＿。

A. p=q;　　　　　B. *p=*q;　　　　　C. n=*q;　　　　　D. p=n;

6. 若有以下定义和语句，则输出结果是＿＿＿＿。

```
char *s1="12345",*s2="1234";
printf("%d\n",strlen(strcpy(s1,s2)));
```

A. 4　　　　　　　B. 5　　　　　　　C. 9　　　　　　　D. 10

7. 若有以下定义 int a[]={1,2,3,4,5,6,7,88,9,10}，*p=a，则值为 3 的表达式是＿＿＿＿。

A. p+=2, *(p++)　　　　　　　　　　B. p+=2,*++p

C. p+=3, *p++　　　　　　　　　　　D. p+=2,++*p

8. 若有以下定义 int arr[]={6,7,8,9,10}，int *ptr，则下列程序段的输出结果是＿＿＿＿。

```
ptr=arr;  ptr[2]=2;
printf ("%d,%d\n",*ptr, ptr[2]);
```

A. 8,10　　　　　B. 6,8　　　　　　C. 7,9　　　　　　D. 6,2

9. 下面能正确进行字符串赋值操作的语句是＿＿＿＿。

A. char s[5]={"ABCDE"}　　　　　　B. char s[5]={'A'、'B'、'C'、'D'、'E'};

C. char *s;s="ABCDEF"　　　　　　　D. char *s; scanf("%s", s);

10. 若有定义 int x=0，*p=&x，则语句 printf("%d\n",*p)的输出结果是＿＿＿＿。

A. 随机值　　　　B. 0　　　　　　　C. x 的地址　　　D. p 的地址

11. 有以下程序，程序运行后的输出结果是＿＿＿＿。

```
void main( )
{ int a[10]={1,2,3,4,5,6,7,8,9,10}, *p=&a[3], *q=p+2;
  printf("%d\n", *p + *q);
}
```

A. 16　　　　　　B. 10　　　　　　C. 8　　　　　　　D. 6

12. 若有定义 int a[2][3]，则正确引用数组 a 第 i 行第 j 列元素地址的表达式是

＿＿＿＿。

A. *(a[i]+j)　　　B. (a+i)　　　　　C. *(a+j)　　　　D. a[i]+j

13. 若有定义 int a[10]，*p=a，则 p+5 表示＿＿＿＿。

A. 元素 a[5]的地址　　　　　　　　　B. 元素 a[5]的值

C. 元素 a[6]的地址   D. 元素 a[6]的值

三、填空题

1. 下面程序的功能是通过指针操作，找出 3 个整数中的最小值并输出。

```
#include "stdio.h"
int main( )
{int *a,*b,*c,num,x,y,z;
 a=&x;b=&y;c=&z;
 printf("输入3个整数：");
 scanf("%d%d%d",a,b,c);
 printf("%d,%d,%d\n",*a,*b,*c);
 num=*a;
 if(*a>* b)_____;
 if(num>*c)_____;
 printf("输出最小整数:%d\n",num);
 return 0;
}
```

2. 下面程序段的运行结果是_____。

```
char s[80],*sp="HELLO!";
sp=strcpy(s,sp);
s[0]='h';
puts(sp);
```

3. 下面程序的运行结果是_____。

```
void swap(int *a,int *b)
{ int *t;
   t=a; a=b; b=t;
}
int main( )
{int x=3,y=5,*p=&x,*q=&y;
 swap(p,q);
 printf("%d %d\n",*p,*q);
 return0;
 }
```

4. 分析以下递归函数的功能，并写出程序的运行结果_____。

```
#include<stdio.h>
void  func( char *p )
{if ( *p= ='\0' )  return 0;
 printf( "%c", *p );
 func( p + 1 );
 printf( "%c", *p );
}
void main( )
{ func( "Hello" );
}
```

项目 9　结构体与共用体

项目引入

在程序开发中，常常需要描述由多个不同性质的数据项组成的数据。例如，描述一个学生时需要用到学号、姓名、班级、课程成绩等数据项，由于这些数据项的类型不同，因此之前已经学习的数据类型不能实现对学生的描述。如果将这些数据项使用多个变量来分别描述，就无法反映出各个数据项之间的关系，从而失去了整体性。

针对上面的情况，C 语言提供了结构体和共用体两种构造类型。这两种类型是用户根据情况，将基本数据类型、指针类型和数组进行的自由组合，从而实现数据的整体性。

学习目标

1. 知识目标

（1）掌握结构体、共用体类型的定义。

（2）掌握结构体、共用体变量的定义方法。

（3）掌握结构体、共用体变量的初始化方法。

（4）掌握结构体数组的含义及使用方法。

2. 能力目标

（1）能够使用结构体自定义复合数据类型。

（2）能够使用结构体数组解决数据记录问题。

3. 素质目标

（1）培养学生获取新知识、新技能、新方法的能力。

（2）培养学生独立思考的能力。

9.1　单个学生信息及成绩统计

 任务导入

期末考试的成绩出来了，同学们都忙着计算自己的总成绩。王明和李晓商量着编写程序，从键盘输入学生信息，计算该学生的总成绩和平均分，并输出该学生的基本信息及成绩汇总。

 任务分析

学生成绩汇总统计的基本任务是将学生的学号、姓名、班级等基本信息和成绩汇总后一并输出。定义一个有关学生信息的结构体类型 student，假设它含有 4 个成员变量，分别是学号（sno）、姓名（name）、班级（classname）、成绩（grade）。其中，成绩是该结构体类型的一个成员，使用数组类型存储数据，通过遍历数组中的数据元素，累加求和，计算学生成绩的总分和平均分。

 相关知识

在 C 语言中，构造类型是把多个数据结合在一起，并将每个数据称作构造类型的"成员"。数组就是构造类型中的一种，它由多个相同数据类型的"成员"组成。结构体和共用体则可以由多个不同数据类型的"成员"组成。本任务可以通过构造结构体来实现，其中姓名、班级可以使用字符型数据，学号可以使用字符型或整型数据，成绩可以使用整型或实型数据。

9.1.1　结构体类型的定义

结构体属于构造类型，其由若干个成员组成，成员的类型既可以是基本数据类型，也可以是构造类型，而且可以互不相同。

结构体遵循"先定义后使用"的原则，其定义包含两个方面，一是定义结构体类型；二是定义该结构体类型的变量。如平时所说的学生，它是一个群体的类型，而具体的张三、李四等对应学生类的某个对象，可将它的数据赋值给学生类的相关变量。

1. 结构体类型定义的一般形式

```
struct 结构体类型名称
{
    数据类型 成员名1;
    数据类型 成员名2;
    ......
    数据类型 成员名n;
};
```

说明：

（1）struct 是关键字，结构体类型名称的命名规则满足标识符命名规则；

（2）结构体中的成员由花括号"{ }"括起来，用来说明该结构体有哪些成员及各成员的数据类型；

（3）结构体类型定义末尾括号后的分号"；"必不可少。

【例 9.1】定义结构体类型来描述学生信息，学生信息由学号、姓名、班级和课程成绩组成，程序如下。

```
struct student
{
    int sno;
    char name[10];
```

```
    char classname[20];
    float grade[5];
};
```

2. 类型定义

在 C 语言中，允许用户使用 typedef 语句定义新的数据类型名代替已有的数据类型名。

类型定义的一般形式为：

```
typedef 类型名 新类型名
```

其中，typedef 是关键字，类型名是标准类型名或用户自定义的构造类型名，新类型名是对已有类型名重新定义的新名称。例如：

```
typedef  int  INTEGER;
```

这样就将系统提供的 int 类型重新定义为 INTEGER，在程序中就可以用 INTEGER 定义变量。例如：

```
INTEGER x,y;      //其功能与int x,y等价。
```

【例 9.2】使用 typedef 为结构体 student 定义一个新的类型名 STU，程序如下。

```
typedef struct student
{
    int sno;
    char name[10];
    char classname[20];
    float grade[5];
}STU;
```

说明：使用 typedef 只是定义了一个新的类型名代替已有的类型名，并没有建立一个新的数据类型。

9.1.2 结构体变量的定义

结构体类型定义后就可以作为一种已存在的数据类型使用，但此时的结构体只是一个"模型"，并没有具体的数据，只是告诉编译系统该结构由哪些类型的数据组成，各占多少字节，并把它们当作一个整体来处理。

定义了结构体类型之后，编译系统没有在内存中为它分配内存空间。为了在程序中使用结构体类型的数据，必须定义结构体类型的变量。结构体变量的定义有如下 3 种方式。

1. 先定义结构体类型，再定义结构体变量

```
struct 结构体类型名称
{
    数据类型 成员名1;
    数据类型 成员名2;
    ……
    数据类型 成员名n;
};
struct 结构体类型名 变量名;
```

例如：

```
struct student
{
    int sno;
    char name[10];
    char classname[20];
    float grade[5];
};
struct student stu1;
```

2. 在定义结构体类型的同时，定义结构体变量

```
struct 结构体类型名称
{
    数据类型 成员名1；
    数据类型 成员名2；
    ……
    数据类型 成员名n；
}结构体变量；
```

例如：

```
struct student
{
    int sno;
    char name[10];
    char classname[20];
    float grade[5];
}stu1;
```

3. 直接定义结构体变量

```
struct
{
    数据类型 成员名1；
    数据类型 成员名2；
    ……
    数据类型 成员名n；
}结构体变量；
```

例如：

```
struct
{
    int sno;
    char name[10];
    char classname[20];
    float grade[5];
}stu1;
```

小提示：采用这种方式定义的结构体没有类型名称，会影响在后面的程序中定义同类型的变量。

4. 结构体变量的内存分配

结构体变量定义后，编译系统会为其分配内存空间。结构体变量所占用的实际字节

数等于各个成员所占用字节数的总和。结构体变量 stu1 中各成员占用内存示意图如图 9-1 所示，共占用 54 字节。

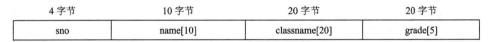

4 字节	10 字节	20 字节	20 字节
sno	name[10]	classname[20]	grade[5]

图 9-1　结构体变量 stu1 中各成员占用内存示意图

9.1.3　结构体变量的初始化

结构体变量初始化的过程，就是结构体中各个成员初始化的过程。结构体变量的初始化有两种方式。

1. 在定义结构体类型和结构体变量的同时，对结构体变量初始化

例如：

```
struct student
{
    int sno;
    char name[10];
    char classname[20];
    float grade[5];
}stu1{20190101,"王明","云计算19级1班",{91, 86, 75,87, 63}};
```

上述示例中定义了结构体变量 stu1，并对其进行了初始化，此时结构体变量 stu1 的存储结构如图 9-2 所示。

201901	王明	云计算 19 级 1 班	grade				
			91	86	75	87	63

图 9-2　结构体变量 stu1 的存储结构

2. 定义结构体类型后，对结构体变量初始化

例如：

```
struct student
{
    int sno;
    char name[10];
    char classname[20];
    float grade[5];
};
struct student stu1{20190101,"王明","云计算19级1班",{91, 86, 75,87, 63}};
```

9.1.4　结构体变量成员的引用

结构体变量的初始化操作完成了对结构体变量中所有成员的赋值，接下来便可以引用结构体变量的成员。引用结构体变量成员的语法结构是：

结构体变量名.成员名

例如：

```
stu1.sno=20190101;
stu1.name="王明";
stu1.classname="云计算19级1班";
stu1.grade[0]=91;
stu1.grade[1]=86;
stu1.grade[2]=75;
stu1.grade[3]=87;
stu1.grade[4]=63;
```

说明：其中"."是运算符，表示对结构体变量的成员进行访问，它的优先级最高。

 任务实施

1. 任务描述

（1）实训任务：单个学生信息及成绩统计。

（2）实训目的：加深对构造数据类型概念的理解；加深对结构体类型、结构体变量、结构体变量成员之间关系的理解；练习结构体类型、结构体变量、结构体变量成员的使用方法。

（3）实训内容：编写一个程序，从键盘输入学生信息，计算该学生的总成绩或平均分，并输出该学生的个人信息及成绩情况，示例如图9-3所示。

图9-3　实训内容示例

2. 任务实施

（1）建议分组教学，4~6人为一组，并选出组长。

（2）请给出程序代码。

3. 任务成果

（1）请给出个人运行效果。

（2）请总结任务实施过程中的重点、难点问题，以及收获。

 **考核评价**

1. 主要评价标准

每次任务评价分数的总分为 10 分。

（1）任务完成及时。

（2）代码书写规范，程序运行效果正常。

（3）实施报告内容真实可靠，条理清晰，书写认真。

（4）没完成任务，根据完成度进行扣分，故意抄袭实施报告扣 5 分。

2. 跟踪练习

使用结构体编写程序，计算一个工人一年中绩效工资发放总额。要求：从键盘录入工人的工号、姓名、部门、每个季度的奖金，最后输出每个工人的信息，并输出每个工人一年奖金发放的总额。

9.2 学生会竞选计票程序

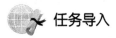 **任务导入**

信息工程学院的学生会要竞选学生会主席，王明和李晓想为竞选活动开发一个计数程序。他们了解到竞选活动大致为：N 个候选人，X 个人投票；每个竞选人的信息包括姓名、性别、年龄和得票数；每张选票只能写一个候选人的姓名。程序功能：通过输入候选人的姓名，统计其得票数，最后输出每个候选人的信息和得票结果。

 任务分析

通过分析，两人确定了如下编程思想：首先定义一个结构体数组，包含 N 个元素，表示有 N 个候选人；然后根据 X 张选票中输入的姓名进行判断，输入一个候选人的名字，就给该元素的得票数加 1；全部输入完成后，输出结构体数组的每个元素的情况及得票结果。

 相关知识

用结构体处理具有多个不同属性的对象非常便捷高效，如果有 50 个或 100 个同类型的对象，定义 50 个或 100 个具有不同名字的结构体变量显然不是一个明智的选择，此时需要一个更可靠好用的方法来处理大量的同类型数据，这个解决方法就是使用结构体数组。事实上，结构体最常见的用法就是结构体数组（array of structures）。

9.2.1 结构体数组的含义

数组元素类型为结构体类型的数组称为结构体数组，在 C 语言中，允许使用结构体数组存放对象的数据。

9.2.2 结构体数组的定义

类似于结构体变量的定义，结构体数组的定义只是将"变量名"用"结构体数组名[数组的长度]"代替，有以下 3 种方式。

（1）先定义结构体类型，然后定义结构体数组。

```
struct 结构体名
{
    ……
    }
struct 结构体名 结构体数组名[数组的长度];
```

（2）定义结构体类型的同时定义结构体数组。

```
struct 结构体名
{
    ……
    }结构体数组名[数组的长度];
```

（3）匿名结构体数组定义。

```
struct
{
    ……
}结构体数组名[数组的长度];
```

【例 9.3】以下程序段是定义结构体数组。

```
struct student{
    int sno;
    char name[20];
    char classname[20];
    double grade[3];
};
struct student stu[2];
```

本例中，定义了一个包含 2 个元素的数组 stu，其中数组元素 stu[0]、stu[1]的类型都是结构体类型 student。

 任务实施

1. 任务描述

（1）实训任务：编写学生会竞选计票程序。

（2）实训目的：加深对构造数据类型概念的理解；加深对结构体数组的理解；练习结构体类型、结构体变量、结构体变量成员的使用方法。

（3）实训内容：假设有 N 个候选人，X 个人投票；每个竞选人的信息包括姓名、性别、年龄和得票数；每张选票写且只写一个的姓名。编写一个计数程序，通过输入候选人的姓名，统计其得票数，最后输出每个候选人的信息和得票结果。

2. 任务实施

（1）建议分组教学，4～6 人为一组，并选出组长。

（2）给出个人程序代码。

3．任务成果

（1）请给出个人运行效果。

（2）请总结任务实施过程中的重点、难点问题，以及收获。

 **考核评价**

1．主要评价标准

每次任务评价分数的总分为 10 分。

（1）任务完成及时。

（2）代码书写规范，程序运行效果正常。

（3）实施报告内容真实可靠，条理清晰，书写认真。

（4）没完成任务，根据完成度进行扣分，故意抄袭实施报告扣 5 分。

2．跟踪练习

现有工人工资管理系统进行工人管理，以 10 个工人为例，要求：从键盘输入他们的工号、姓名、基本工资、奖金和保险，求每名工人的实发工资，输出所有工人的全部信息，并输出实发工资最高的工人的姓名与实发工资。

9.3 师生信息统计

 **任务导入**

现有一张关于学生信息和教师信息的表格，如表 9-1 所示。学生信息包括姓名、编号、性别、职业、分数，教师信息包括姓名、编号、性别、职业、教学科目。

现在要求编写程序把这些信息放在同一个表格中，输入姓名后输出人员信息（f 和 m 分别表示女性和男性，s 表示学生，t 表示教师）。

表 9-1　学生信息和教师信息

Name	Num	Sex	Profession	Score / Course
HanXiaoXiao	501	f	s	89.5
YanWeiMin	1011	m	t	math
LiuZhenTao	109	f	t	English
ZhaoFeiYan	982	m	s	95.0

 任务分析

从表中的数据可以看出学生和教师信息所包含的数据是不同的。如果把每个人的信息都看作一个结构体变量的话，那么教师和学生信息的前 4 个变量成员是一样的，第五个变量成员分别是 score 和 course。当第四个变量成员的值是 s 的时候，第五个变量成员就是 score；当第四个变量成员的值是 t 的时候，第五个变量成员就是 course。经过上面的分析，可以设计一个包含共用体的结构体。

 相关知识

在 C 语言中，共用体类型同结构体类型一样，都属于构造类型，也称为联合体。共用体类型的定义和变量的定义与结构体类型的定义和变量的定义方法相似。

结构体和共用体的区别在于：结构体的各个成员会占用不同的内存，互相之间没有影响；而共用体的所有成员占用同一段内存，修改一个成员会影响其余成员。

结构体占用的内存大于等于所有成员占用的内存的总和（成员之间可能会存在缝隙），共用体占用的内存等于最长的成员占用的内存。共用体使用了内存覆盖技术，同一时刻只能保存一个成员的值，如果给新的成员赋值，就会把原来成员的值覆盖掉。

9.3.1　共用体类型的定义

定义共用体类型的语法结构是：

```
union 共用体类型名称
{
    数据类型 成员1;
    数据类型 成员2;
    ......
    数据类型 成员n;
};
```

例如：定义一个名为 data 的共用体类型，该类型由 3 个成员组成，它们共享同一块内存空间，程序如下。

```
union data
{
    int x;
    double y;
    char z;
};
```

9.3.2　共用体变量的定义

共用体变量的定义和结构体变量的定义类似，可以采用 3 种方式。这里仅以"先定义共用体类型，再定义共用体变量"方式进行说明。

例如，定义了一个共用体变量 d1，该变量的 3 个成员分别需要占用内存的大小为 4字节、8字节、1字节，编译器为共用体变量 d1 分配内存空间时按照其成员字节数最大的数目分配，即为变量 d1 分配了 8字节的内存空间。

```
union data
{
    int x;
    double y;
    char z;
```

```
};
union data d1;
```

【例 9.4】利用 sizeof()函数计算结构体和共用体类型的数据分别在内存中占用的字节数，程序如下。

```
#include<stdio.h>
union data1
{
    int x;
    double y;
    char z;
};
struct data2
{
    int x;
    double y;
    char z;
};
int main()
{
    union data1 d1;
    struct data2 d2;
    printf("共用体d1占的字节数为：%d\n",sizeof(d1));
    printf("结构体d2占的字节数为：%d\n",sizeof(d2));
    return 0;
}
```

例 9.4 程序的运行结果如图 9-4 所示。

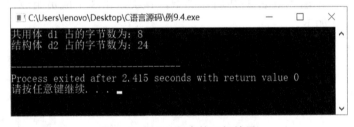

图 9-4　例 9.4 程序的运行结果

9.3.3　共用体变量的初始化和引用

在定义共用体变量的同时，只能对其中的一个成员进行初始化操作，这与它的内存分配方式是对应的。例如：

```
union data
{
    int x;
    double y;
    char z;
};
union data d1={8};
```

上述语句用于对 data 类型的共用体变量 d1 进行初始化，并且只对成员 x 进行了赋值操作。

共用体变量成员的引用方法与结构体变量成员的引用方法相同，其语法结构是：

共用体变量名.成员名

【例9.5】编写程序引用共用体变量，程序如下。

```c
#include<stdio.h>
union data
{
    int x;
    char z;
};
int main( )
{
    union data d1;
    d1.x=8;
    d1.z='a';
    printf("d1.x=%d\n",d1.x);
    printf("d1.z=%c\n",d1.z);
}
```

例9.5程序的运行结果如图9-5所示。

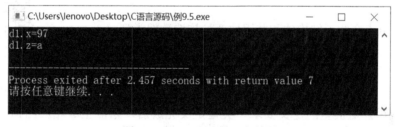

图9-5 例9.5程序的运行结果

本例中，定义了一个data类型的共用体变量d1，它包含了int类型的成员x和char类型的成员z，最后引用变量d1的值时，只能引用成员z的值，其他成员的值被覆盖，无法得到初始值。

另外，共用体在一般的编程中应用较少，在单片机编程中应用较多。

 任务实施

1. 任务描述

（1）实训任务：师生信息统计。

（2）实训目的：加深对共用体类型的理解，区分共用体与结构体的不同；练习共用体类型、共用体变量、共用体变量成员的使用方法。

（3）实训内容：现有一张关于学生信息和教师信息的表格，学生信息包括姓名、编号、性别、职业、分数，教师的信息包括姓名、编号、性别、职业、教学科目，如表9-1所示。现在要求把这些信息放在同一个表格中，并设计程序输入人员信息然后输出。

2. 任务实施

（1）建议分组教学，4~6 人为一组，并选出组长。

（2）请给出程序代码。

3. 任务成果

（1）请给出个人程序代码。

（2）请总结任务实施过程中的重点、难点问题，以及收获。

 考核评价

主要评价标准

每次任务评价分数的总分为 10 分。

（1）任务完成及时。

（2）代码书写规范，程序运行效果正常。

（3）实施报告内容真实可靠，条理清晰，书写认真。

（4）没完成任务，根据完成度进行扣分，故意抄袭实施报告扣 5 分。

项目小结

本项目重点介绍了结构体和共用体两种构造数据类型。

扫码查看任务示例源码

任务 9.1 重点介绍了结构体类型、结构体变量的定义方法和结构体变量成员的引用方法。此类型是由用户先行定义好要使用的类型，类型定义的时候可以使用系统提供的基本数据类型，也可以使用构造数据类型来完成用户对类型的定义要求。类型定义完成后，才能生成相应结构体类型的变量，然后才能对其中的成员进行赋值和引用。

任务 9.2 重点介绍了结构体数组的使用方法，也是在应用过程中最常使用的方法。

任务 9.3 重点讲解了共用体的使用方法。共用体和结构体的使用方法相似，关键是理解两者的区别，共用体在 C 语言中使用较少，多用于工业化的单片机编程中。

同步训练

一、思考题

1. 结构体和共用体的区别是什么？

2. 什么情况下要使用结构体？

3. 什么情况下要使用共用体？

二、单项选择题

1. 当说明一个结构体变量时系统分配给它的内存是_____。

A. 各成员所需内存的总和

B. 结构中第一个成员所需的内存

C. 成员中占内存空间最大者所需的内存

D. 结构中最后一个成员所需的内存

2. 对下面的语句，叙述不正确的是_____。

```
struct stu
{
  int a;float b;
}stutype;
```

A. struct 是结构体类型的关键字

B. struct stu 是用户定义的结构体类型

C. stutype 是用户定义的结构体类型名

D. a 和 b 都是结构体成员名

3. C 语言结构体类型变量在程序执行期间_____。

A. 所有成员一直驻留在内存中　　　　B. 只有一个成员驻留在内存中

C. 部分成员驻留在内存中　　　　　　D. 没有成员驻留在内存中

4. 在 32 位机上使用 C 语言，若有如下定义，则结构体变量 b 占用内存的字节数是_____。

```
struct data
{ int i; char ch; double f;
}b;
```

A. 1　　　　　　B. 2　　　　　　C. 8　　　　　　D. 11

5. 根据下面的定义，能打印出字母 M 的语句是_____。

```
struct person
{ char name[9];
  int age;
};
struct person class[10]={"John",17,"Paul",19,"Mary"18,"adam",16};
```

A. printf("%c\n",class[3].name);　　B. printf("%c\n",class[3].name[1]);

C. printf("%c\n",class[2].name[1]);　D. printf("%c\n",class[2].name[0]);

6. 当说明一个共用体变量时系统分配给它的内存是_____。

A. 各成员所需内存的总和

B. 结构中第一个成员所需的内存

C. 成员中占内存空间最大者所需的内存

D. 结构中最后一个成员所需的内存

7. 以下对 C 语言中共用体类型数据的叙述正确的是_____。

A. 可以对共用体变量名直接赋值

B. 一个共用体变量中可以同时存放其所有成员

C. 一个共用体变量中不能同时存放其所有成员

D. 共用体类型定义中不能出现结构体类型的成员

8. 在 C 语言中，共用体类型变量在程序运行期间_____。

A. 所有成员一直驻留在内存中　　　　B. 只有一个成员驻留在内存中

C. 部分成员驻留在内存中   D. 没有成员驻留在内存中

9. 以下程序的运行结果是 _____。

```
#include<stdio.h>
union pw
{ int i;
  char ch[2];
}a;
int main( )
{ a.ch[0]=13;
  a.ch[1]=0;
  printf("%d\n",a.i);
  return 0;
}
```

A. 13   B. 14   C. 208   D. 209

10. 下面对 typedef 的叙述中不正确的是_____。

A. 用 typedef 可以定义各种类型名，但不能用来定义变量

B. 用 typedef 可以增加新类型

C. 用 typedef 只是将已存在的类型用一个新的标识符来代表

D. 使用 typedef 有利于程序的通用与移植

11. 对以下程序段叙述正确的是_____。

```
typedef struct NODE
{ int num; struct NODE *next;
} OLD;
```

A. 以上的说明形式非法   B. NODE 是一个结构体类型

C. OLD 是一个结构体类型   D. OLD 是一个结构体变量名

三、填空题

1. 把一些属于不同类型的数据作为一个整体来处理时，常用_____数据类型。

2. 使用 typedef 可以定义_____，但不能定义变量。

3. 定义结构体类型的关键字是_____，定义共用体类型的关键字是_____。

四、编程题

有一批图书，每本图书都要登记作者姓名、书名、出版社、出版年月、价格等信息，编写程序完成以下功能：

（1）读入每本图书的信息并存储在数组中；

（2）输出价格在 20 元以上的书名；

（3）输出 2000 年以后出版的书名和作者姓名。

项目 10 文　　件

项目引入

大家对于文件非常熟悉，如 word 文档、txt 文本文档等。文件最主要的作用是保存数据。对文件的操作有打开、关闭、读取数据、写入数据等，对于不同类型的文件，这些操作方法和细节也不同。

在前面项目中进行数据处理时，多是在运行程序中通过键盘输入，程序处理的结果也只能在屏幕输出。在 C 语言中，可以将输入或输出的数据以磁盘文件的形式存储起来，在进行大批量数据处理时十分方便。

在 C 语言中，文件有多种读写方式，可以一次读取一个字符，也可以一次读取一整行。读取文件的位置也非常灵活，可以从文件开头读取，也可以从中间读取。本项目将介绍文件的概念、分类、操作等知识。

学习目标

1. 知识目标

（1）了解 C 语言中的文件。

（2）掌握文件操作的基本方法和步骤。

2. 能力目标

（1）能够从文件中读取需要的数据。

（2）能够将数据存储到文件中。

3. 素质目标

（1）培养学生获取新知识、新技能、新方法的能力。

（2）培养学生独立思考的能力。

10.1　制作小型通讯录

 任务导入

为了便于管理学生，辅导员让班长王明同学建立 2019 级计算机应用技术专业班级通讯录。虽然此工作可以利用 Excel 等软件实现，但他联想到正在学习"C 语言程序设计"这门课程，如果用 C 语言实现更有价值。于是便和李晓商量利用 C 语言的文件操作知识设计和开发一个小型的通讯录管理系统，该系统至少应包括如下功能。

（1）通讯录内的人员信息至少包括学号、姓名、地址、电话号码。

（2）能够显示所有人的信息。

（3）能够通过输入姓名查找人员信息。

（4）能够通过输入姓名找到要删除的人员信息，然后进行删除。

（5）能够通过输入姓名找到要修改的人员信息，然后进行修改。

（6）能够添加人员信息。

 任务分析

根据要求，由于通讯录数据是以文本文件的形式存放在文件中的，因此需要提供文件的输入、输出等操作；还需要保存记录以进行修改、删除、查找等操作；另外，还需要提供键盘式选择菜单实现选择功能，以及根据要求添加用户想添加的人员信息。

 相关知识

C 语言程序中用到的数据，既可以通过键盘输入，也可以从文件中读取，而对于大量的数据，通过键盘输入不但非常麻烦，而且非常容易出错。从文件中读取数据不但可以提高数据的输入效率，而且可以大大减少人机交互操作造成的数据错误。另外，程序的结果除可以通过显示器和打印机输出外，还可以通过文件保存起来，以便以后进行排序、汇总等处理。

10.1.1　初识文件

文件是计算机领域中一个重要概念，通常是指存储在外部介质上的数据的集合。操作系统以文件为单位对数据进行管理，操作系统通过文件名访问文件。

1. 文件的分类

在 C 语言中，可以从不同的角度对文件进行分类。

（1）按文件内容可分为源程序文件、目标文件、数据文件等。

C 语言源程序文件的扩展名为 .c；C 语言的源程序文件经过编译，产生扩展名为.exe 的可执行文件；C 语言的文件操作函数，把程序运行的中间结果或最终结果存储到文件中，就得到一个数据文件。

（2）按组织形式可分为文本（字符）文件和二进制文件。

文本文件指文件的内容由 ASCII 码组成，一个字符占用 1 字节。

二进制文件是以数据在内存中的存储形式原样输出到磁盘上所产生的文件，因此二进制文件不仅节省内存空间而且输入输出速度快，但不便于阅读。

例如，实数 12345.678 按文本文件的形式存储在文件中，占 9 字节，但是按二进制文件的形式存储在文件中只占 4 字节，因为 C 语言中的实数（float 型）在内存中以浮点型存储，所以占 4 字节。

2. 操作文件的基本方法和步骤

在 C 语言中，操作文件主要有 3 个基本步骤，即打开文件、读写数据、关闭文件。

　　利用程序在打开文件时，首先在内存中为输入、输出数据开辟缓冲区；向数据文件中写数据时，先将数据送入输出文件缓冲区，当输出文件缓冲区写满时，再一起写到外存；从数据文件中读取数据也是这样的，只不过顺序相反。如果缓冲区不满时结束操作，文件中的数据就会丢失；但如果关闭文件，不管缓冲区是否已经写满，都会把缓冲区的数据写入外存，以保证数据不会丢失。

　　不打开文件无法读取文件中的数据，不关闭文件会浪费操作系统资源，并可能导致数据丢失。所以在对文件的操作结束后，一定要及时关闭文件。

　　3. 文件类型指针

　　在 C 语言中，把指向一个文件的指针称为文件指针。通过文件指针可以对它所指的文件进行各种操作。

　　定义文件指针的一般形式为：

```
FILE  *指针变量标识符;
```

　　其中，FILE 应为大写，它实际上是由系统定义的一个结构，该结构中含有文件名、文件状态和文件当前位置等信息。在编写源程序时不必关心 FILE 结构的细节。例如：

```
FILE *fp;
```

　　fp 是指向 FILE 结构的指针变量，通过 fp 即可存放某个文件信息的结构变量，按结构变量提供的信息可以找到该文件，并对该文件实施操作。习惯上也笼统地把 fp 称为指向文件的指针。在对文件进行操作之前，必须用 FILE 定义指向文件的指针变量。

10.1.2　文件的打开与关闭

　　所谓打开文件，实际是建立文件与文件指针的联系，以便进行其他操作。关闭文件则是断开文件与文件指针的联系，也就是禁止再对该文件进行操作。

　　在 C 语言中，文件操作都是由库函数来完成的。

　　1. 文件的打开

　　打开文件使用 fopen()函数，通过该函数，在文件存在时可以打开文件，在文件不存在时，系统将根据不同的打开方式自动建立该文件并打开该文件或提示打开文件出错。

　　调用 fopen()函数的一般形式为：

```
FILE *p;
p=fopen(文件名，文件使用方式);
```

　　说明：

　　(1) fopen()函数用来打开一个指定文件，文件名中包含文件路径，由用户指定。

　　(2) 文件名可以是用双撇号括起来的字符串或字符数组名或指向字符串的指针。

　　例如：

```
FILE *p;
p=fopen("file1","r");    //文件名是用双撇号括起来的字符串或字符数组名
```

或

```
char *q="file2"
FILE *p;
p=fopen(q,"r");        //文件名是用双撇号括起来的指向字符串的指针
```

（3）fopen()函数的返回值是一个地址值，若正常打开了指定文件，则返回该文件的信息区的起始地址；若打开操作失败，则返回值为 NULL。

（4）文件使用方式及含义见表 10-1。

表 10-1   文件使用方式及含义

使用方式	处理方式	含义	指定文件不存在	指定文件存在
r	只读	为输入打开一个文本文件	出错	正常打开
w	只写	为输出打开一个文本文件	建立新文件	覆盖
a	追加	为输出打开一个文本文件	建立新文件	打开，追加
rb	只读	为输入打开二进制文件	出错	正常打开
wb	只写	为输出打开二进制文件	建立新文件	覆盖
ab	追加	为输出打开二进制文件	建立新文件	追加，打开
r+	读写	为读/写打开文本文件	出错	正常打开
w+	读写	为写/读打开文本文件	建立新文件	覆盖
a+	追加，读	为追加/读打开文本文件	建立新文件	追加，打开
rb+	读写	为读/写打开二进制文件	出错	正常打开
wb+	读写	为写/读打开二进制文件	建立新文件	覆盖
ab+	追加，读	为追加/读打开二进制文件	建立新文件	追加，打开

● 使用"r"方式打开的文本文件只能从该文件中读取数据，而不能向该文件写入数据，而且打开的必须是一个已经存在的文件。

● 使用"w"方式打开的文本文件只能向该文件写入数据，而不能从该文件中读取数据，若打开的文件已经存在，则在向该文件写入数据时，将覆盖原有文件的内容。该文件不存在时，将建立一个指定名字的文本文件，并打开该文件。

● 使用"a"方式打开的文本文件与使用"w"方式打开的文本文件的含义基本相同，区别在于如果打开的文件已经存在，那么在向该文件写入数据时，"a"方式将数据写在原有文件的尾部，而不覆盖原有文件的内容，此处理方式称为追加。

● 以上 3 种方式是打开文件的基本方式，给这 3 种基本方式加一个"b"，即"rb""wb""ab"，表示处理的是二进制文件。

● 在表 10-1 中，后 6 种使用方式是在前 6 种方式的后面加上"+"，"+"的含义是由单一的读或写的方式扩展为既能读又能写的方式，其他与原含义相同，如使用"r+"方式，可以对该文件执行操作，在读完数据后又可以向该文件写入数据，又如使用"w+"方式，可以对该文件执行操作，写完数据后又可以从该文件中读取数据。

（5）使用 fopen()函数打开一个文件时，将通知系统 3 件事：要打开的文件名字是什么；指定对文件的使用方式；指定由哪个指针指向该文件，即函数的返回值赋给哪个指针变量。

（6）打开文件常用以下方法：

```
if((fp=fopen("file","r")==NULL)
{
    printf("不能打开文件。\n");
    exit(0);
}
```

2. 文件的关闭

文件读/写操作结束后，应关闭打开的文件，以避免数据的丢失。关闭文件使用 fclose()函数。

调用格式：

```
fclose(文件指针变量);
```

说明：

（1）文件指针变量是用 FILE 定义的指向打开文件的指针变量。

（2）使用 fclose()函数将通知系统关闭指针变量指向的文件，释放文件数据区。

（3）关闭文件后，如果再想对文件进行操作，就需要重新打开。

（4）正常完成关闭文件操作时，函数返回值为零。如果返回非零值就表示有错误发生。

10.1.3 文件的读写操作

当文件打开后，就可以对文件进行读写操作了。C 语言对文件的读写操作是通过函数来实现的，包括顺序读写和随机读写。

1. 读写一个字符

1）从文件中读取一个字符函数 fgetc()

一般形式：

```
ch=fgetc(fp);
```

fgetc()函数的作用：从指针变量 fp 指向的文件中读取一个字符赋给字符变量 ch。

函数的返回值为字符变量 ch，若字符变量 ch 是文件结束标志"EOF"，则返回值为 EOF。

【例 10.1】把从文本文件中读取的字符输出到显示器。假设本例中 file1.txt 的内容为"This is a C program。"，程序如下。

```
#include<stdio.h>
#include<stdlib.h>
int main( )
{
    FILE *fp;
    if((fp=fopen("file1.txt","r"))==NULL)
    {
        printf("不能打开file1.txt文件。\n");
        exit(0);
    }
```

```
    printf("从文件中读取的字符为：");
    ReadChar(fp);
    fclose(fp);
    return 0;
}
void ReadChar(FILE *fp)
{
    char ch;
    while((ch=fgetc(fp))!=EOF)
        putchar(ch);
    printf("\n");
}
```

例 10.1 程序的运行结果如图 10-1 所示。

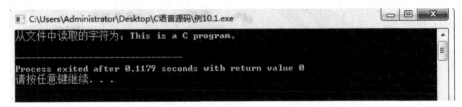

图 10-1　例 10.1 程序的运行结果

2）将一个字符写入文件函数 fputc()

一般形式：

```
fputc(ch,fp);
```

fgetc()函数的作用：把字符变量 ch 的值输出到指针变量 fp 指向的文件。

若函数执行成功，则其返回值为被输出的字符变量 ch，否则返回值为文件结束标志"EOF"，EOF 是一个字符常量，在 stdio.h 头文件中被定义为-1。

【例 10.2】把从键盘输入的字符写入文件。程序如下。

```
#include<stdio.h>
#include<stdlib.h>
void WriteChar(FILE *p)
int main( )
{
    FILE *fp;
    if((fp=fopen("file2.txt","w"))==NULL)
    {
     printf("不能打开file2.txt文件。\n");
     exit(0);
    }
     printf("请输入字符串：");
     WriteChar(fp);
     fclose(fp);
     return 0;
}
void WriteChar(FILE *fp)
{
    char ch;
```

```
    while((ch=getchar())!='\n')
        fputc(ch,fp);
}
```

假设输入的字符为"I LOVE YOU VERY MUCH!"，文件 file2.txt 的内容就为"I LOVE YOU VERY MUCH!"。

2. 读写一个字符串

1) 从文件中读取一个字符串函数 fgets()

一般形式：

```
fgets(str,n,fp);
```

fgets()函数的作用：从指针变量 fp 指向的文件中读取 n-1 个字符，送到字符数组 str 中。

说明：

（1）若在读取 n-1 个字符时遇到回车换行符"\n"或文件结束标志"EOF"，则结束读入，但"\n"也作为一个字符送入字符数组 str 中，并自动加上字符串结束标志"\0"；

（2）fgets()函数的返回值为字符数组 str 的首地址，遇到文件结束标志"EOF"或出错时的返回值为 NULL。

2) 向文件输出一个字符串函数 fputs()

一般形式：

```
fputs(str,fp);
```

fputs()函数的作用：把字符数组 str 中的字符串写入指针变量 fp 指向的文件中，但字符串结束标志"\0"不会输出。

【例 10.3】从 file3.txt 文件中读取所有的字符输出到屏幕，然后读取字符串的前 10 个字符输出到屏幕，最后在文件末尾添加一个字符串。程序如下。（假设原文件中的内容为 I LOVE YOU VERY MUCH!，添加的内容为 AND YOU?，最后输出所有的字符。）

```
#include<stdio.h>
#include<stdlib.h>
void ReadChar1(FILE *fp)
{
    char ch;
    while((ch=fgetc(fp))!=EOF)
        putchar(ch);
    printf("\n");
}
void ReadChar2(FILE *fp)
{
    char str[10];
    fgets(str,11,fp);
    printf("%s\n",str);
}
void WriteChars(FILE *fp)
{
```

```
    char str[16];
    gets(str);
    fputs(str,fp);
    fputs("\n",fp);
  }
int main( )
{
  FILE *fp;
  if((fp=fopen("file1.txt","r"))==NULL)
  {
    printf("不能打开file1.txt文件。\n");
    exit(0);
  }
  printf("从文件中读取的字符为：");
  ReadChar1(fp);
  fclose(fp);
  fp=fopen("file1.txt","r");
  printf("从文件中读取的10个字符为：");
  ReadChar2(fp);
  fclose(fp);
  fp=fopen("file1.txt","a+");
  printf("请向文件中添加字符：");
  WriteChars(fp);
  rewind(fp);
  printf("最终文件的内容为：");
  ReadChar1(fp);
  fclose(fp);
  return 0;
}
```

例 10.3 程序的运行结果如图 10-2 所示。

图 10-2　例 10.3 程序的运行结果

3. 文件的格式化输入输出

文件的格式化输入输出分别使用 fscanf()函数和 fprintf()函数，与前面使用的 scanf()函数和 printf()函数的功能相似，都是格式化读写函数。两者的区别在于 fscanf()函数和 fprintf()函数的读写对象不是键盘和显示器，而是磁盘文件。

1）按指定格式从文件中读取数据函数 fscanf()

一般形式：

```
fscanf(文件指针，格式控制字符串，地址列表);
```

fscanf()函数的作用：从文件指针指向的文件中按格式控制字符串指定的格式读取数据存入地址列表。

2）按指定格式向文件输出数据函数 fprintf()

一般形式：

```
fprintf(文件指针，格式控制字符串，输出表列);
```

fprintf()函数的作用：把输出表列中变量的值按指定格式输出到文件指针指向的文件中。

【例 10.4】从键盘输入两个学生的数据，写入文件 file4.txt 中，再读出这两个学生的数据显示到屏幕上，要求使用 fscanf()函数和 fprintf()函数。程序如下。

```c
#include<stdio.h>
struct stu
{
    char name[10];
    int num;
    int age;
    char addr[15];
}boya[2],boyb[2],*pa,*pb;
int main( )
{
    FILE *fp;
    char ch;
    int i;
    pa=boya;
    pb=boyb;
    if((fp=fopen("file4.txt","wb+"))==NULL)
    {
        printf("cannot open file4.txt!");
        exit(0);
    }
    printf("请输入学生的信息: \n");
    for(i=0;i<2;i++,pa++)
        scanf("%s%d%d%s",pa->name,&pa->num,&pa->age,pa->addr);
    pa=boya;                //重新赋予了数组的首地址
    for(i=0;i<2;i++,pa++)
        fprintf(fp,"%s %d %d %s ",pa->name,pa->num,pa->age,pa->addr);
    rewind(fp);
    for(i=0;i<2;i++,pb++)
        fscanf(fp,"%s %d %d %s ",pb->name,&pb->num,&pb->age,pb->addr);
    printf("   name\tnumber\tage\taddr\n");
    pb=boyb;                //重新赋予了数组的首地址
    for(i=0;i<2;i++,pb++)
        printf("%s\t%d\t%d\t%s\n",pb->name,pb->num,pb->age,pb->addr);
    fclose(fp);
    return 0;
}
```

例 10.4 程序的运行结果如图 10-3 所示。

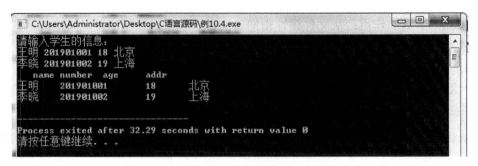

图 10-3　例 10.4 程序的运行结果

注意：由于循环改变了指针变量 pa 和 pb 的值，因此在程序中需要重新给它们赋予数组的首地址。

4. 数据块读写函数

在 C 语言中，还提供了数据块读写函数，该函数可以用来读取或写入一组数据，如一个数组元素、一个结构体变量的值等。当函数执行成功时，函数的返回值为 count，否则为 0。

1）读数据块函数 fread()

一般形式：

```
fread(buffer,size,count,fp);
```

fread()函数的作用：从文件指针 fp 指向的数据文件中读取 count 个含有 size 字节的数据块，存到起始地址为 buffer 的内存（变量）中。

2）写数据块函数 fwrite()

一般形式：

```
fwrite(buffer,size,count,fp);
```

fwrite()函数的作用：从起始地址为 buffer 的内存（变量）中，把 count 个含有 size 字节的数据块输出到文件指针 fp 指向的数据文件中。当函数执行成功时，函数的返回值为 count，否则为 0。

【例 10.5】使用 fread()函数和 fwrite()函数完成例 10.4。程序如下。

```
#include<stdio.h>
struct stu
{
    char name[10];
    int num;
    int age;
    char addr[15];
}boya[2],boyb[2],*pa,*pb;
int main( )
{
    FILE *fp;
    char ch;
    int i;
    pa=boya;
```

```
        pb=boyb;
        if((fp=fopen("file5.txt","wb+"))==NULL)
        {
            printf("cannot open file5.txt!");
            exit(0);
        }
        printf("请输入学生的信息：\n");
        for(i=0;i<2;i++,pa++)
            scanf("%s%d%d%s",pa->name,&pa->num,&pa->age,pa->addr);
        pa=boya;          //重新赋予了数组的首地址
        fwrite(pa,sizeof(struct stu),2,fp);
        rewind(fp);
        fread(pb,sizeof(struct stu),2,fp);
        printf("  name\tnumber\tage\taddr\n");
        pb=boyb;          //重新赋予了数组的首地址
        for(i=0;i<2;i++,pb++)
            printf("%s\t%d\t%d\t%s\n",pb->name,pb->num,pb->age,pb->addr);
        fclose(fp);
        return 0;
}
```

例 10.5 程序的运行结果如图 10-4 所示。

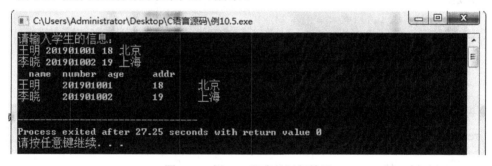

图 10-4　例 10.5 程序的运行结果

10.1.4　文件的定位

读写文件时，文件中有一个位置指针，指向当前的读写位置，每次读写一个字符（数据项）后，位置指针自动移动到下一个字符（数据项）位置。前面介绍的是对文件进行顺序读写，即从文件开头逐个字符（数据项）进行读写。但在实际问题中经常要求只读写文件中某一指定的部分。在 C 语言中，有一些函数可以解决这个问题，这些函数可以先移动文件内部的位置指针到需要读写的位置，再进行读写，这种读写称为随机读写。实现随机读写的关键是按要求移动位置指针，移动文件内部位置指针的函数主要有 3 个。

1. 改变位置指针当前位置的函数 fseek()

一般形式：

```
fseek(文件指针，位移量，起始点);
```

　　fseek()函数的作用：把位置指针从起始点指定的位置向文件尾或文件头的方向移动位移量个字节数。当函数执行成功时，函数的返回值为零，否则为非零。

　　说明：

　　（1）起始点为 0 表示从文件头开始，为 1 表示从当前位置开始，为 2 表示从文件尾开始。

　　（2）位移量为正整数时，向文件尾方向移动；为负整数时，向文件头方向移动；位移量通常是 long 型数据。

　　例如：

```
fseek(fp,10L,0);          //将位置指针移动到离文件头10字节处
fseek(fp,10L,1);          //将位置指针向文件尾方向移动到离当前位置10字节处
fseek(fp,-10L,2);         //将位置指针移动到距文件尾10字节处
```

　　2. 取得位置指针当前位置的函数 ftell()

　　一般形式：

```
ftell(文件指针);
```

　　ftell()函数的作用：取得指向文件的位置指针的当前位置，用相对于文件头的位移量来表示。当函数执行成功时，该返回值为相对于文件头的位移量，否则为-1L。

　　例如：

```
if((ftell(fp)==-1L)
printf("文件位置出错。\n");
```

　　3. 使位置指针返回到文件头的函数 rewind()

　　一般形式：

```
rewind(文件指针);
```

　　rewind()函数的作用：使指向文件的位置指针返回到文件头。

 任务实施

　　1. 任务描述

　　（1）实训任务：制作小型通讯录。

　　（2）实训目的：加深对文件操作的理解；练习文件打开与关闭、读与写、定位等文件操作函数的用法。

　　（3）实训内容：用 C 语言文件操作部分的知识设计和开发一个小型的通讯录管理系统，该系统包括如下功能。

　　①通讯录内的人员信息包括学号、姓名、地址、电话号码。

　　②能够显示所有人的信息。

　　③能够通过输入姓名查找人员信息。

　　④能够通过输入姓名找到要删除的人员信息，并可以删除。

　　⑤能够通过输入姓名找到要修改的人员信息，并可以修改。

　　⑥能够添加人员信息。

2. 任务实施

（1）建议分组教学，4～6 人为一组，并选出组长。

（2）给出程序代码：不够可另附页。

3. 任务成果

请总结任务实施过程中的重点、难点问题，以及收获。

 考核评价

1. 主要评价标准

每次任务评价分数的总分为 10 分。

（1）任务完成及时。

（2）代码书写规范，程序运行效果正常。

（3）实施报告内容真实可靠，条理清晰，书写认真。

（4）没完成任务，根据完成度进行扣分，故意抄袭实施报告扣 5 分。

2. 跟踪练习

编写一个程序实现如下功能：有 3 个学生，每个学生有 3 门课的成绩，从键盘输入数据（包括学号、姓名、3 门课成绩），计算平均成绩，将原有数据和计算出的平均成绩存放在磁盘文件 student 中。

项目小结

本项目重点介绍了文件。在 C 语言中，根据文件中数据存储方式的不同，文件可以分为两类：文本文件和二进制文件。在 C 语言中，使用文件的第一步是打开文件，最

扫码查看任务示例源码

后一步是关闭文件。任何打开的文件都对应一个文件指针。文件的读写方式有很多，本项目介绍了 4 种读写方式，任何一个文件被打开时都需要指明它的读写方式。

同步训练

一、单项选择题

1. 系统的标准输入文件是指（　　）。

A. 键盘　　　　　　B. 显示器　　　　　　C. U 盘　　　　　　D. 硬盘

2. 在进行文件操作时，写文件的一般含义是（　　）。

A. 将计算机内存的信息存入磁盘　　　　B. 将磁盘中的信息存入计算机内存

C. 将计算机 CPU 中的信息存入磁盘　　　D. 将磁盘中的信息存入计算机 CPU

3. 系统的标准输出文件是指（　　）。

A. 键盘　　　　　　B. 显示器　　　　　　C. U 盘　　　　　　D. 硬盘

4. 在 C 语言中对文件操作的一般步骤是（　　）。

A. 操作文件→修改文件→关闭文件　　　　B. 打开文件→操作文件→关闭文件

C. 读写文件→打开文件→关闭文件　　　　D. 读文件→写文件→关闭文件

5. 设 fp 为 FILE 类型的指针，现要打开一个已存在的文本文件 file 用于修改，正确的语句是（　　　）。

A. fp=fopen("file","r")　　　　　　　　B. fp=fopen("file","a+")

C. fp=fopen("file","w");　　　　　　　　D. fp=fopen("file","r+");

6. 若执行 fopen() 函数时发生错误，则函数的返回值是（　　　）。

A. 地址值　　　　　　B. 0　　　　　　　C. 1　　　　　　　D. EOF

7. 若要用 fopen() 函数打开一个新的二进制文件，对该文件要既能读也能写，则打开方式应是（　　　）。

A. ab+　　　　　　　B. wb+　　　　　　C. rb+　　　　　　D. ab

8. C 语言中文件的存取是以（　　　）单位的。

A. 函数　　　　　　B. 语句　　　　　　C. 字节　　　　　　D. 记录

9. 下列关于文件的描述中正确的是（　　　）。

A. 对文件操作必须先关闭文件

B. 对文件操作必须先打开文件

C. 对文件的操作顺序没有统一规定

D. 以上三种答案全是错误的

10. 在 C 语言程序中，可以把整型数以二进制形式存放到文件中的函数是（　　　）。

A. fwrite() 函数　　　　　　　　　　　　B. fread() 函数

C. fscanf() 函数　　　　　　　　　　　　D. fputc() 函数

11. 当正确执行了文件关闭操作时，fclose() 函数的返回值是（　　　）。

A. −1　　　　　　　B. TURE　　　　　　C. 0　　　　　　　D. 1

12. fscanf 函数的正确调用形式是（　　　）。

A. fscanf(格式字符串,输出表列)

B. scant(格式字符串,输出表列,f)

C. fscanf(格式字符串,文件指针,输出表列)

D. fscanf(文件指针,格式字符串,输出表列)

13. 若调用 fputc() 函数成功输出字符，则其返回值是（　　　）。

A. EOF　　　　　　B. 1　　　　　　　　C. 0　　　　　　　D. B 和 C 正确

14. rewind() 函数的作用是（　　　）。

A. 使位置指针重新返回文件的开头

B. 使位置指针指向文件所要求的特定位置

C. 使位置指针重新返回文件的末尾

D. 使位置指针自动移到下一个字符位置

15. 函数 ftell(fp) 的作用是（　　　）。

A. 得到流式文件的当前位置　　　　　　B. 移动流式文件的位置指针

C. 初始化流式文件的位置指针　　　　　D. 以上答案均正确

二、编程题

1. 从键盘输入一个字符串，将小写字母全部转换为大写字母，然后输出到一个磁盘文件"test.txt"中保存。输入的字符串以"！"结束。

2. 有两个磁盘文件"test1.txt"和"test2.txt"，各存放一行字母，要求把这两个文件中的信息合并，并输出到新文件"test3.txt"中。

项目11　班级财务管理系统的开发

项目引入

通过一个学期的学习，王明和李晓同学最终选择开发"班级财务管理系统"对本学期所学的知识进行检验。"班级财务管理系统"可以对班级的财务收支信息进行管理和维护。

本项目将通过开发"班级财务管理系统"提高学生利用 C 语言解决问题的能力。

学习目标

1. 知识目标

（1）复习前面所学的基础知识。

（2）掌握 C 语言中函数的实现与调用。

（3）熟练运用模块化程序设计思想解决实际问题。

2. 能力目标

（1）能够根据项目需求划分模块功能。

（2）能够调用文件和函数。

（3）能够解决程序中出现的问题。

3. 素质目标

（1）培养学生独立思考的能力。

（2）培养学生耐心、细致、追求完美的基本素质。

11.1　总体设计

"班级财务管理系统"要实现对班级财务信息的浏览、录入、查询、删除等功能。根据系统功能，设计系统的模块结构如图 11-1 所示，主要包括以下模块：

（1）菜单选择模块；

（2）财务信息录入模块；

（3）财务信息浏览模块；

（4）财务信息查询模块；

（5）财务信息删除模块；

（6）退出系统功能模块。

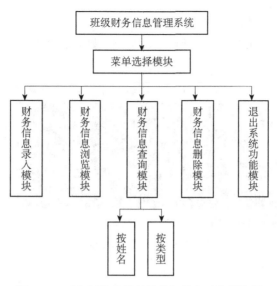

图 11-1　"班级财务管理系统"基本功能模块图

11.2　详细设计

1. 登录功能

实现系统用户根据提示进入系统菜单，如图 11-2 和图 11-3 所示。

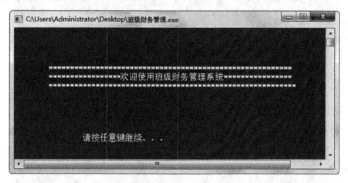

图 11-2　登录提示界面

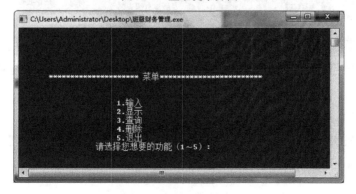

图 11-3　系统主菜单界面

2. 财务信息录入模块

实现班级财务信息的录入，包括日期、金额、姓名、资金来源等信息。财务信息录入界面如图 11-4 所示。

图 11-4　财务信息录入界面

3. 财务信息浏览模块

显示班级财务的支出明细、总收入、总支出、当前余额等信息。财务信息浏览界面如图 11-5 所示。

图 11-5　财务信息浏览界面

4. 财务信息查询模块

查找班级财务的支出明细，包括两种方式：按姓名查找和按类型查找。财务信息查询界面如图 11-6 所示。

图 11-6　财务信息查询界面

5. 财务信息删除模块

用于删除班级财务的支出明细，先按姓名进行查找，然后提示是否删除。财务信息删除界面如图 11-7 所示。

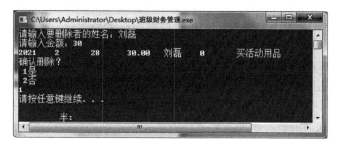

图 11-7　财务信息删除界面

6. 退出系统功能模块

退出系统界面如图 11-8 所示。

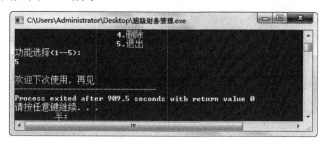

图 11-8　退出系统界面

11.3　系统实现

1. 数据结构设计

将班级财务记录当作一个结点，结点的类型为结构体，每个结点除用于存储信息外，还用于存放结点之间的关系。

首先，定义一个结构体类型来描述财务明细的基本信息，定义如下：

```
struct F_Data
{
    int year;               //年
    int month;              //月
    int date;               //日期
    float amout;            //金额
    char name[20];          //姓名
    int type;               //收入或支出类型
    char comment[100];      //备注
    struct F_Data*next;     //定义一个指针
}e[1000];
```

2. 定义全局变量表示总的明细数目

```
int Recordcount;
```

3. 函数设计

（1）void start()函数：实现系统开始界面的进入功能。

（2）void menu()函数：实现系统主菜单界面的显示功能。

（3）void add()函数：实现增加班级财务收支明细的功能。

（4）void save()函数：实现保存班级财务收支明细的功能。

（5）void delete_rec()函数：实现删除班级财务收支明细的功能。

（6）void show()函数：实现显示班级财务收支明细的功能。

（7）void search()函数：实现查找班级财务收支明细的功能。

11.4　程序代码

```c
#include<stdio.h>
#include<conio.h>
#include<string.h>
#include<windows.h>
#include<stdlib.h>
int Recordcount;                        //定义全局变量
struct F_Data
{
    int year;                           //年
    int month;                          //月
    int date;                           //日期
    float amout;                        //金额
    char name[20];                      //姓名
    int type;                           //收入或支出类型
    char comment[100];                  //备注
    struct F_Data*next;                 //定义一个指针
}e[1000];
struct F_Data*head=NULL;
void add();
void search();
void delete_rec();
void show();
void menu();
void start();
void start()//开始界面
{
    system("cls");
    printf("\n\n\n\n");
    printf("\t**********************************************\n");
    printf("\t***************欢迎使用班级财务管理系统****************\n");
    printf("\t**********************************************\n");
    printf("\n\n\n\n\n");
    system("pause");
}
void menu()//菜单选择模块代码
{
    system("cls");
    printf("\n\n\n\n\n");
    printf("******************* 菜单***********************");
```

```
        printf("\n\n");
        printf("1.输入\n");
        printf("2.显示\n");
        printf("3.查询\n");
        printf("4.删除\n");
        printf("5.退出\n");
    }
    void add()//财务信息录入模块代码
    {
        system("cls");                    /*清屏*/
        struct F_Data *p=NULL;            /*定义pNode为struct F_Data类型指针*/
        p=(struct F_Data*)malloc(sizeof(struct F_Data));    /*运行时动态调整所
占内存的大小*/
        printf("请输入年份：");
        scanf("%d",&p->year);
        printf("请输入月份：");
        scanf("%d",&p->month);
        if((p->month>0)&&(p->month<13))       /*限定月份为1～12 */
        {
            printf("请输入日期：");
            scanf("%d",&p->data);
            printf("请输入金额：");
            scanf("%f",&p->amout);
            printf("请输入姓名：");
            scanf("%s",p->name);
            printf("收入按 1，支出按 0：");
            scanf("%d",&p->type);
            printf("请输入资金来源或去处：");
            scanf("%s",p->comment);
            p->next=head;                 /*插入一个结点*/
            head=p;
            Recordcount++;                /*结点数加一 */
        }
        void save(int m);
        system("PAUSE");                  /*停顿*/
    }/* 在菜单界面选择"输入"选项，界面会依次显示年份、月份，且限定月份为1～12，再显示
日期、金额、姓名等，最后返回到菜单界面 */
    void save(int m)              //保存函数
    {
        FILE *fp;
        int i;                   //文件行指针
        if((fp=fopen("d:\班级财务管理.dat","wb"))==NULL)
                        //打开文件、为输出打开一个二进制文件
        {
            printf("文件打开错误!\n");
            exit(0);
        }
        for(i=0;i<m;i++)
        if(fwrite(&e[i],sizeof(struct F_Data),1,fp)!=1)
        {   printf("没有文件");
            getchar();
            return;
```

```
    }
        fclose(fp);
}
void search()//财务信息查询模块代码
{
    system("cls");                      /*清屏*/
    char name[20];
    int type;
    int choice;
    struct F_Data*p=NULL;              /*定义pNode为struct F_Data类型指针*/
    printf("1按姓名查找\n2按类型查找\n");
    printf("请输入你的选择：");
    scanf("%d",&choice);
    if(choice==1)
    {
        printf("请输入姓名：");
        scanf("%s",name);
        for(p=head;p!=NULL;p=p->next)    /*从链表的第一个结点到尾结点*/
        if(strcmp(p->name,name)==0)    /*如果输入的name和结点中的name一样*/
        {
            printf("%d\t",p->year);
            printf("%d\t",p->month);
            printf("%d\t",p->data);
            printf("%.2f\t",p->amout);
            printf("%s\t",p->name);
            printf("%d\t",p->type);
            printf("%s\n",p->comment);
        }
    }
    if(choice==2)
    {
        printf("请输入类型:1收入 0支出\n ");
        scanf("%d",&type);
        for(p=head;p!=NULL;p=p->next)
        if(p->type==type)                /*如果输入的type和结点中的type一样*/
        {
            printf("%d\t",p->year);
            printf("%d\t",p->month);
            printf("%d\t",p->data);
            printf("%.2f\t",p->amout);
            printf("%s\t",p->name);
            printf("%d\t",p->type);
            printf("%s\n",p->comment);
        }
    }
    system("PAUSE");                    /*停顿*/
}/* 在菜单界面选择"查询"选项，界面会让你选择查找的方式：1按姓名查找2按类型查找，
用户可以根据自己的需要进行选择，按1就输入联系人的姓名，按2就输入类型，系统会进行查询，
如果有就显示该条记录。*/
void delete_rec()       //财务信息删除模块代码
{
    system("cls");                        /*清屏*/
```

```
            char name[20];
            float amout;
            int choice;
            struct F_Data *p=NULL,*q=NULL;    /*定义p和q都为struct F_Data类型指针*/
            p=head;                           /*p指向第一个结点*/
            q=head;                           /*q指向第一个结点*/
            printf("请输入要删除者的姓名: ");
            scanf("%s",name);
            printf("请输入金额: ");
            scanf("%f",&amout);
            for(;q!=NULL;q=q->next)    /*q指针从链表的第一个结点到尾结点*/
            {
                if((head->amout==amout)&&(strcmp(head->name,name)==0))  /*如果头
结点符合要求*/
                {
                    printf("%d\t",q->year);
                    printf("%d\t",q->month);
                    printf("%d\t",q->data);
                    printf("%.2f\t",q->amout);
                    printf("%s\t",q->name);
                    printf("%d\t",q->type);
                    printf("%s\n",q->comment);
                    printf("确认删除? \n 1是\n 2否\n");
                    scanf("%d",&choice);
                    if(choice==1)
                    {
                        head=q->next;    /*删除头结点*/
                        Recordcount--;    /*结点数减一*/
                    }
                    else
                        break;
                }
        else
                {
                if((q->amout==amout)&&(strcmp(q->name,name)==0))    /*如果结点符合
要求 */
                {
                    {
                    printf("%d\t",q->year);
                    printf("%d\t",q->month);
                    printf("%d\t",q->data);
                    printf("%.2f\t",q->amout);
                    printf("%s\t",q->name);
                    printf("%d\t",q->type);
                    printf("%s\n",q->comment);
                    }
                    printf("确认删除? \n 1是\n 2否\n");
                    scanf("%d",&choice);
                    if(choice==1)
                    {
                    p->next=q->next;    /*删除一个结点*/
                    Recordcount--;    /*结点数减一*/
```

```
            }
            else break;
        }
        else
        {
            p=q;                        /*p后移一个位子*/
        }
    }
}
system("PAUSE");                        /*停顿*/
}/*在菜单界面选择"删除"选项后，界面会让使用者输入要删除者的姓名及金额，并根据输入
的信息显示该条记录，为了防止意外删除会提示是否删除。*/
void show()//财务信息浏览模块代码
{
    system("cls");                      /*清屏*/
    struct F_Data*p=NULL;               /*定义p和q都为struct F_Data类型指针*/
    float j=0.0,i=0.0,w=0.0;
    for(p=head;p!=NULL;p=p->next)        /*从链表的第一个结点到尾结点*/
    {
        printf("%d\t",p->year);
        printf("%d\t",p->month);
        printf("%d\t",p->data);
        printf("%.2f\t",p->amout);
        printf("%s\t",p->name);
        printf("%d\t",p->type);
        printf("%s\n",p->comment);
        if(p->type==1)
            j+=p->amout;                 /*把type=1记录中的金额全部加给j*/
        else
            i+=p->amout;
    }
    printf("一共收入：%.2f\n",j);
    printf("一共支出：%.2f\n",i);
    w=j-i;
    printf("当前余额：%.2f\n",w);
    system("PAUSE");                     /*停顿*/
}
/*在菜单界面选择"显示"选项后，屏幕上会依次显示每条记录，并把总收入和总支出及目前余
额也统计并显示出来。*/
int main()
{
    int n,button;
    system("color 3A");
    start();
    menu();
    getchar();
    do
    {
        printf("请选择您想要的功能（1～5）:\n");
        scanf("%d",&n);
        if(n>0&&n<6)
        {
```

```
                button=1;break;
        }
        else
        {  button=0;
            printf("输入有误，重新输入");


        }
    }while(button==0);
    while(button==1)
    {
        switch(n)
        {
            case 1: add();break;
            case 2: show();break;
            case 3: search();break;
            case 4: delete_rec();break;
            case 5: printf("欢迎下次使用，再见");exit(0);
            default :break;
        }
    getchar( );
    printf("\n");
    printf("按任意键继续\n");
    getch( );
    system("cls");                /*清屏*/
    menu( );                      /*调用菜单函数*/
    printf("功能选择(1～5):\n");
    scanf("%d",&n);
    printf("\n");
    }
}
```

项目小结

　　本项目涵盖了 C 语言的主要知识点，包括结构体类型的应用、数组的应用、指针的应用、函数的定义和调用及文件的读/写操作。本项目中文件的读取功能仍有待完善。

扫码查看任务示例源码

附录 A　常用字符与 ASCII 码对照表

目前计算机中使用最广泛的字符集及其编码是由美国国家标准学会（ANSI）制定的 ASCII 码（American Standard Code for Information Interchange，美国标准信息交换码），它已被国际标准化组织（ISO）定为国际标准，称为 ISO 646 标准。适用于所有拉丁文字字母，ASCII 码有 7 位码和 8 位码两种形式。

因为 1 位二进制数可以表示 2 种（$2^1=2$）状态 0、1，而 2 位二进制数可以表示 4 种（$2^2=4$）状态 00、01、10、11，依次类推，7 位二进制数可以表示 128 种（$2^7=128$）状态，并且每种状态都唯一地编为一个 7 位的二进制码，对应一个字符（或控制码），这些码可以排列成一个十进制序号 0～127。所以，7 位 ASCII 码是用 7 位二进制数进行编码的，可以表示 128 个字符。

0～32 及 127（共 34 个）是控制字符或通信专用字符，控制字符包括 LF（换行）、CR（回车）、FF（换页）、DEL（删除）、BEL（振铃）等；通信专用字符包括 SOH（文头）、EOT（文尾）、ACK（确认）等。

33～126（共 94 个）是字符，其中 48～57 分别是阿拉伯数字 0～9；65～90 分别是 26 个大写英文字母，97～122 分别是 26 个小写英文字母，其余是一些标点符号、运算符号。

注意： 在计算机的存储单元中，一个 ASCII 码占一字节（8 个二进制位），其中最高位（b7）是奇偶校验位。所谓奇偶校验，是检验代码在传送过程中是否出现错误的一种方法，一般分奇校验和偶校验两种。奇校验规定：正确代码的一字节中 1 的个数必须是奇数，若非奇数，则在最高位添 1。偶校验规定：正确代码的一字节中 1 的个数必须是偶数，若非偶数，则在最高位添 1。如表 A 所示是常用字符与 ASCII 码对照表。

表 A　常用字符与 ASCII 码对照表

ASCII 码	控制字符	ASCII 码	控制字符	ASCII 码	控制字符	ASCII 码	控制字符
0	NUT	32	(space)	64	@	96	、
1	SOH	33	!	65	A	97	a
2	STX	34	"	66	B	98	b
3	ETX	35	#	67	C	99	c
4	EOT	36	$	68	D	100	d
5	ENQ	37	%	69	E	101	e
6	ACK	38	&	70	F	102	f
7	BEL	39	,	71	G	103	g
8	BS	40	(	72	H	104	h
9	HT	41	)	73	I	105	i
10	LF	42	*	74	J	106	j

ASCII 码	控制字符	ASCII 码	控制字符	ASCII 码	控制字符	ASCII 码	控制字符
11	VT	43	+	75	K	107	k
12	FF	44	,	76	L	108	l
13	CR	45	-	77	M	109	m
14	SO	46	.	78	N	110	n
15	SI	47	/	79	O	111	o
16	DLE	48	0	80	P	112	p
17	DCI	49	1	81	Q	113	q
18	DC2	50	2	82	R	114	r
19	DC3	51	3	83	X	115	s
20	DC4	52	4	84	T	116	t
21	NAK	53	5	85	U	117	u
22	SYN	54	6	86	V	118	v
23	TB	55	7	87	W	119	w
24	CAN	56	8	88	X	120	x
25	EM	57	9	89	Y	121	y
26	SUB	58	:	90	Z	122	z
27	ESC	59	;	91	[	123	{
28	FS	60	<	92	\	124		
29	GS	61	=	93	]	125	}
30	RS	62	>	94	^	126	~
31	US	63	?	95	—	127	DEL

附录 B C 语言中的关键字

关键字	用途	说明
auto	存储种类说明	用以说明局部变量，缺省值为此
break	程序语句	退出最内层循环
case	程序语句	switch 语句中的选择项
char	数据类型说明	单字节整型数或字符型数据
const	存储类型说明	在程序执行过程中不可更改的常量值
continue	程序语句	转向下一次循环
default	程序语句	switch 语句中的失败选择项
do	程序语句	构成 do…while 循环结构
double	数据类型说明	双精度浮点数
else	程序语句	构成 if…else 选择结构
enum	数据类型说明	枚举
extern	存储种类说明	在其他程序模块中说明了的全局变量
float	数据类型说明	单精度浮点数
for	程序语句	构成 for 循环结构
goto	程序语句	构成 goto 转移结构
if	程序语句	构成 if…else 选择结构
int	数据类型说明	基本整型数
long	数据类型说明	长整型数
register	存储种类说明	使用 CPU 内部寄存的变量
return	程序语句	函数返回
short	数据类型说明	短整型数
signed	数据类型说明	有符号数，二进制数据的最高位为符号位
sizeof	运算符	计算表达式或数据类型的字节数
static	存储种类说明	静态变量
struct	数据类型说明	结构类型数据
switch	程序语句	构成 switch 选择结构
typedef	数据类型说明	重新进行数据类型定义
union	数据类型说明	联合类型数据
unsigned	数据类型说明	无符号数数据
void	数据类型说明	无类型数据
volatile	数据类型说明	该变量在程序执行中可被隐含地改变
while	程序语句	构成 while 和 do…while 循环结构

附录 C　运算符的优先级和结合性

级别	类别	名称	运算符	结合性
1	强制转换、数组、结构、联合	强制类型转换	（　）	自左至右
		下标	[ ]	
		存取结构或联合成员	->或	
2	逻辑	逻辑非	!	自右至左
	字位	按位取反	～	
	增量	加1	++	
	减量	减1	--	
	指针	取地址	&	
		取内容	*	
	算术	单目减	-	
	长度计算	长度计算	sizeof	
3	算术	乘	*	自左至右
		除	/	
		取模	%	
4	算术和指针运算	加	+	
		减	-	
5	字位	左移	<<	
		右移	>>	
6	关系	大于等于	>=	自左至右
		大于	>	
		小于等于	<=	
		小于	<	
		恒等于	==	
		不等于	!=	
7	字位	按位与	&	
		按位异或	^	
		按位或	|	
8	逻辑	逻辑与	&&	
		逻辑或	||	
9	条件	条件运算	?:	自右至左
10	赋值	赋值	=	
		复合赋值	op=	
11	逗号	逗号运算	,	自左至右

附录 D　常用库函数及其标题文件

一、I/O 函数（标题文件 stdio.h）

下面的数据类型中有一些类型是在 stdio.h 中定义的，例如，size_t 表示整型字节数。

函数原型说明	功能
void clearerr(FILE *fp)	清除与文件指针 fp 有关的所有出错信息
int fclose(FILE *fp)	关闭 fp 所指的文件
int feof(FILE *fp)	检查文件是否结束
int fgetc(FILE *fp)	从 fp 所指文件读取一个字符
char fgets(char *str,int num,FILE *fp)	从 fp 所指文件读取一个长度为 num-1 的字符串，存入 str 中
FILE *fopen(const char*fname,const char *mode)	以 mode 方式打开文件 fname
int fprintf(FILE *fp,const char *format,arg-list)	将 arg-list 的值按 format 指定的格式写入 fp 所指文件中
int fputc(int ch,FILE *fp)	将 ch 中的字符写入 fp 所指文件
int fputs(const char *str,FILE *fp)	将 str 中的字符串写入 fp 所指文件
size_t fread(void buf, size_t size, size_t count,FILE *fp)	从 fp 所指文件读取长度为 size 的 count 个数据项，写入 fp 所指文件
int fscanf(FILE *fp,const char *format,arg-list)	从 fp 所指文件按 format 指定的格式读取数据存入 arg-list
int fseek(FILE *fp,long offset,int origin)	移动 fp 所指的文件指针位置
long ftell(FILE *fp)	求出 fp 所指文件的当前的读写位置
size_t fwrite(const void *buf,size_t size,size_t count,FILE *fp)	将 buf 所指的内存区中长度为 count*size 的数据写入 fp 所指文件
int getc(FILE *fp)	从 fp 所指文件中读取一个字符
int getchar(void)	从标准输入设备读取一个字符，不必用回车键，不在屏幕上显示
int getchare(void)	从标准输入设备读取一个字符，不必用回车键并在屏幕上显示
int getchar(void)	从标准输入设备读取一个字符，以回车键结束，并在屏幕上显示
char *gets(char *str)	从标准输入设备读取一个字符串，遇回车键结束
int getw(FILE *fp)	从 fp 所指文件读取一个整型数
int printf(const char *format,arg-list)	将 arg-list 中的数据按 format 指定的格式输出到标准输出设备
int putc(int ch,FILE *fp)	同 fputc
int putchar(int ch)	将 ch 中的字符输出到标准输出设备
int puts(const char *str)	将 str 所指内存区中的字符串输出到标准输出设备
int remove(const char *fname)	删除 fname 所指文件
int rename(const char *oldfname,const char newfname)	将名为 oldname 的文件更名为 newname
void rewind(FILE *fp)	将 fp 所指文件的指针指向文件开头
int scanf(const char *format,arg-list)	从标准输入设备按 format 指定的格式读取数据，存入 arg-list

二、字符判别和转换函数（标题文件 ctype.h）

函数原型说明	功能
int isalnum(int ch)	检查 ch 是否为字母或数字
int isalpha(int ch)	检查 ch 是否为字母
int isascii(int ch)	检查 ch 是否为 ASCII 码
int iscntrl(int ch)	检查 ch 是否为控制字符
int isdigit(int ch)	检查 ch 是否为数字
int isgraph(int ch)	检查 ch 是否为可打印字符，即不包括控制字符和空格
int islower(int ch)	检查 ch 是否为小写字母
int isprint(int ch)	检查 ch 是否为字母或数字
int ispunch(int ch)	检查 ch 是否为标点符号
int isspace(int ch)	检查 ch 是否为空格
int isupper(int ch)	检查 ch 是否为大写字母
int isxdigit(int ch)	检查 ch 是否为十六进制数字
int tolower(int ch)	将 ch 中的字母转换为小写字母
int toupper(int ch)	将 ch 中的字母转换为大写字母

三、字符串函数（标题文件 string.h/mem.h）

函数原型说明	功能
char *strcat(char *str1,const char *str2)	将字符串 str2 连接到 str1 后面
char *strchr(const char *str,int ch)	找出 ch 字符在字符串 str 中第一次出现的位置
int strcmp(const char *str1,const char *str2)	比较字符串 str1 和 str2
char *strcpy(char *str1,const char *str2)	将字符串 str2 复制到 str1 中
size_t strlen(const char *str)	求字符串 str 的长度
char *strlwr(char *str)	将字符串 str 中的字母转换为小写字母
char *strncat(char *str1,const char *str2,size_t count)	将字符串 str2 中的前 count 个字符连接到 str1 的后面
char *strncpy(char *dest,const char *source,size_t count)	将字符串 str2 中的前 count 个字符复制到 str1 中
char *strstr(const char *str1,const char *str2)	找出字符串 str2 在字符串 str 中第一次出现的位置
char *strupr(char *str)	将字符串 str 中的字母转换为大写字母

四、数学函数（标题文件 math.h）

函数原型说明	功能
double acos(double x)	计算 arccon(x)的值
double asin(double x)	计算 arcsin(x)的值
double atan(double x)	计算 arctan(x)的值
double atan2(double y,double x)	计算 arctan(x/y)的值
double ceil(double num)	求不小于 num 的最小整数
double cos(double x)	计算 con(x)的值

续表

函数原型说明	功能
double cosh(double x)	计算 cosh(x)的值
double exp(double x)	计算 e^x 的值
double fabs(double num)	计算 x 的绝对值
double floor(double num)	求不大于 x 的最大整数(双精度)
double fmod(double x,double y)	求 x/y 的余数(求模)
double frexp(double num,int *exp)	将双精度数分成尾数部分和指数部分
double hypot(double x,double y)	计算直角三角形的斜边长
double log(double num)	计算自然对数
double log10(double num)	计算常用对数
double modf(double num,int *i)	将双精度数 num 分解成整数部分和小数部分，整数部分存放在 i 所指的变量中
double pow(double base,double exp)	计算幂指数 x^y
double pow10(int n)	计算指数函数 10^n
double sin(double x)	计算 sin(x)的值
double sinh(double x)	计算 sinh(x)的值
double sqrt(double num)	计算 num 的平方根
double tan(double x)	计算 tan(x)的值
double tanh(double x)	计算 tanh(x)的值

五、动态分配函数（标题文件 stdlib.h）

函数原型说明	功能
void *calloc(size_t num,size_t size)	为 num 个数据项分配内存，每个数据项大小为 size 字节
void *free(void *ptr)	释放 ptr 所指的内存
void *malloc(size_t size)	分配 size 字节的内存
void *realloc(void *ptr,size_t newsize)	将 ptr 所指的内存空间改为 newsize 字节

参考文献

1. 眭碧霞. C 语言程序设计：第 2 版 ［M］. 北京：高等教育出版社，2017.
2. 朱益江. C 程序设计教程：项目化 ［M］. 武汉：华中科技大学出版社，2019.
3. 常中华. C 语言程序设计实例教程 ［M］. 北京：人民邮电出版社，2019.